高职高专“工作过程导向”新理念教材 计算机系列

丛书主编 吴文虎 姜大源

Web前端开发项目化教程

汤明伟 主编

崔蓬 何隽 郑伟 副主编

清华大学出版社

北京

内容简介

本书以 Web 前端开发的岗位需求和行业开发规范为基础，以电子商务网站“叮当网上书店”为导入项目，按照“项目导入，任务驱动”的教学模式，基于岗位的工作过程精心组织和安排教学内容。本书内容由 4 个任务阶段组成：网站的前期准备、网站的结构架设、网站的效果设计和网站的人机交互。本书的重点在于采用 XHTML、CSS 和 jQuery 等前端技术进行网站的开发、设计，本书的难点在于浏览器的兼容性设计。

本书将 Web 前端开发技术的知识和技能有机地融入各个任务中，读者通过项目任务的逐步实施，在学中做，在做中学。本书可作为高职高专院校相关专业的教材，也可作为网站设计师、Web 前端开发工程师、UI 设计工程师等网站设计与开发人员的参考书。

图书在版编目(CIP)数据

Web 前端开发项目化教程/汤明伟主编. --北京：清华大学出版社，2015（2024.1 重印）
高职高专“工作过程导向”新理念教材. 计算机系列
ISBN 978-7-302-38783-1

Ⅰ. ①W… Ⅱ. ①汤… Ⅲ. ①超文本标记语言－程序设计－高等职业教育－教材 ②网页制作工具－程序设计－高等职业教育－教材 Ⅳ. ①TP312 ②TP393.092

中国版本图书馆 CIP 数据核字(2014)第 283581 号

责任编辑：孟毅新
封面设计：傅瑞学
责任校对：袁 芳
责任印制：宋 林

出版发行：清华大学出版社
网　　址：https://www.tup.com.cn，https://www.wqxuetang.com
地　　址：北京清华大学学研大厦 A 座　　**邮　　编**：100084
社 总 机：010-83470000　　**邮　　购**：010-62786544
投稿与读者服务：010-62776969，c-service@tup.tsinghua.edu.cn
质量反馈：010-62772015，zhiliang@tup.tsinghua.edu.cn
课件下载：https://www.tup.com.cn，010-62795764
印 装 者：三河市龙大印装有限公司
经　　销：全国新华书店
开　　本：185mm×260mm　　**印　　张**：15.5　　**字　　数**：353 千字
版　　次：2015 年 2 月第 1 版　　**印　　次**：2024 年 1 月第 7 次印刷
定　　价：49.00 元

产品编号：061395-02

前　言

目前，随着互联网和移动 Web 应用的不断发展，Web 前端开发正处于高峰期。在 Web 2.0 的热潮下，Web 前端开发的岗位（如网页设计师、前端开发工程师、用户体验分析师、交互设计师等）需求日益增长，几乎每个大的互联网公司都有属于自己的互联网开发团队，如淘宝网的“淘宝 UED”、百度旗下的“百度 UFO”、腾讯的 ISD 和 CDC 等。

本书内容

本书内容以“叮当网上书店”电子商务网站为导入项目，按照行业工作过程将项目分解为 4 个阶段 13 个任务，模拟企业岗位情景，让读者身临其境地进行学习和开发。

任务1 主要介绍网站项目需求分析的两大块设计：页面元素级和网站功能级的需求分析应该做些什么和怎么做，让读者了解整个行业网站项目需求分析的大概流程。

任务2 和任务3 主要介绍网站项目的 DEMO（快速原型）和网站图片素材的整理和设计，为项目的实施做好基础工作。DEMO 采用的是手绘设计稿的方法，重点介绍了网站常用的版式设计。图片素材的制作和设计主要采用 Photoshop CS 软件来进行，可以培养读者的设计技能和设计思路。

任务4～任务7 主要介绍 Dreamweaver CS6 网页设计软件的使用技巧和技能，以及 XHTML 语言和常用结构标签，培养读者在 Web 2.0 标准下的 DIV+CSS 布局思想。我们强调尽量采用合适的标签来进行页面及模块结构的设计，以提高读者使用 XHTML 语言编写代码的质量。

任务8～任务12 主要介绍 CSS 样式。因为 CSS 是 Web 标准中的一项核心技术，因此本书分了 5 个任务的篇幅来介绍。从盒子模型、浮动、文档流、定位、CSS 样式表、CSS 缩写、CSS 的浏览器兼容性等方面进行了详尽的分析和介绍。对项目的开发进行了精细化管理和把控，让读者能够真正理解知识和掌握技能。

任务13 主要介绍采用 jQuery 框架进行表单验证。对于没有 JavaScript 基础的读者来说，可以采用目前比较流行的效果比较丰富的 jQuery 框架来进行网站交互的开发和设计，实现网站的交互效果。

本书特色

（1）以“项目导入、基于工作工程分解任务”组织和编写教材内容，模拟企业开发情景，让读者在“做中学，学中做”。

（2）注重代码编写质量，由点到面、由简到难，以“公用性、复用性”为原则逐步重构项目的代码，有利于读者真正掌握 Web 前端开发的技术和技巧。

读者对象

目前，许多网站设计师开始学习并应用 Web 标准，学习 Web 前端开发技术（XHTML、CSS、jQuery 和 Ajax 等）。本书适合所有网站设计师、Web 前端开发工程师、UI 设计工程师等网站设计与开发人员。本书将 Web 前端开发技术的知识和技能有机地融入各个任务，读者通过任务的逐步实施，在学中做，在做中学。本书在 Web 2.0 标准下，采用 DIV＋CSS 布局对项目进行开发设计，对 CSS 代码进行了不断的重构，探讨了浏览器兼容性并提供了一些常用的解决方案；针对初学的读者，还加入了 jQuery 的交互设计，为读者从入门到精通打下坚实的基础。

脚本代码

书中提供了大量的 XHTML 与 CSS 代码，用以帮助读者完成本书项目。由于篇幅有限，编者不可能将整篇网站项目的代码放置其中，因此针对代码作了相应的注释和格式的排版。

例如，下面代码中未加粗和未倾斜的代码是延续前面任务完成后的 CSS 代码，而加粗和倾斜的代码是针对本任务添加的新的 CSS 代码，编者加入了详尽的注释，以帮助读者更好地理解和掌握。

```
/*修改 yuanjiao_center,实现离左侧 20px,垂直方向居中*/
.yuanjiao_center{
    float:left;
    height:27px;
    line-height:27px;          /*通过设置 line-height 的值与 height 的值来实现文本垂直
                                 方向居中*/
    padding-left:20px;         /*通过设置 padding-left 的值来实现离左侧的间距*/
    width:954px;               /*根据盒子模型,设置 padding-left 的值为 20px。要使整
                                 个盒子的宽度不变,应将盒子的 width 相应地减去 20px,
                                 因此修改 width 的值为 954 像素*/
    background-image:url(../images/head_yj_center.jpg);
    background-repeat:repeat-x;
    background-position:left top;
}
/*添加.yuanjiao_center a 和.yuanjiao_center a:hover 的超链接样式及伪类样式*/
.yuanjiao_center a{
    padding:0 10px 0 5px;
    margin:0;
    color:#FFFFFF;
    text-decoration:none;
}
```

```
.yuanjiao_center a:hover{
    text-decoration:underline;
}
/*添加.yuanjiao_center span样式,实现超链接之间垂直分隔线的效果*/
.yuanjiao_center span{
    color:#efefef;
    margin-right:5px;
}
```

项目介绍

本书选取“叮当网上书店”电子商务网站作为本书的导入项目,主要是考虑到本书的读者基本都有过网购的经历或者对电子商务网站有一定的了解。一方面,读者可以很好地理解网站的业务流程和页面流转;另一方面,本项目能够涵盖 Web 前端开发的大部分知识点和技能。

本书项目网站通过了 IE 6～IE 9、Chrome、Firefox 等主流浏览器的兼容性测试。通过对本项目的学习和实践,读者能够掌握一定的浏览器兼容性设计技能和技巧,提升读者的岗位竞争能力。

本书主要创作团队为课程组的汤明伟、崔蓬、何隽、郑伟老师,郑柳娟老师对全书进行了总审。当然也离不开家人和其他领导同事的关心和支持,在此一并表示真挚的感谢。

由于编者水平有限,书中难免有不足之处,希望广大读者批评、指正,并提出宝贵的意见和建议。(编者邮箱:282161073@qq.com)

编　者

2015 年 1 月

目　录

第一阶段　网站的前期准备

第二阶段　网站的结构架设

第三阶段　网站的效果设计

第四阶段　网站的人机交互

第一阶段

网站的前期准备

任务1 “叮当网上书店”项目需求分析

叮当书店是暨阳市的一家中小型连锁书店，有很多优质图书资源和教育市场，各连锁网点遍布当地高等院校、中小学学校周边。因其图书更新速度快、折扣较低、服务快速优质，叮当书店在暨阳市当地市场的图书销售业绩和客户服务都很出色。

从现在开始，在Paul(保罗)的带领下，我们将用5个月的时间，和主人公Johm(约翰)一起，为叮当连锁书店开发新的Web应用系统——“叮当网上书店”。

作为项目组IFTC(展望软件研发中心)的成员之一，Bill(比尔)作为Web前端开发工程师亲自参与这个过程，帮助项目组开发设计项目的整个DEMO，俗称“静态网页制作”。现在由Bill(比尔)通过自己的项目开发经验，带领大家一起体验来自于“叮当网上书店”项目开发中Web前端工程师的酸甜苦辣，让读者完成从初学者到Web前端工程师的蜕变之旅。

学习目标

(1) 理解什么是Web标准。

(2) 了解Web标准的历史及构成。

(3) 理解网站开发设计的项目需求分析流程。

(4) 理解网站开发设计的页面需求分析。

(5) 理解网站开发设计的功能需求分析。

1.1 任务描述

许多学校的老师、学生都非常喜欢到叮当书店连锁书店购书。遗憾的是，对于叮当书店而言，核心主顾只是书店周边的老师和学生，其他人则难以体验到叮当书店的特色。因为叮当书店只有传统的两种销售渠道：各连锁书店直接销售、电话预订销售(支持连锁书店取货、送货上门两种配送方式)。

2009年以前，在一些媒体和客户的口碑传导下，叮当书店的销售业务量飞速增长。但是，自2010年年初开始，随着淘宝、当当网、ChinaPub等知名电子商务平台的迅速发展，更丰富的图书、更便捷的采购、更低的折扣等都让叮当书店感受到了巨大的销售压力。而叮当书店传统的销售渠道，也已经无法满足顾客们对于更高服务质量的期望。顾客们经常向总店客服投诉说无法及时从连锁书店取到预订的图书，配送员也在各连锁书店和客户之间疲于奔命……很显然，叮当书店迫切需要适应市场需求，扩充他们的销售渠道，提高服务质量。

幸运的是，叮当书店拥有一位出色的销售经理Andy(安迪)，他与连锁书店周边学校的许多老师、学生都有着很好的私人关系。Andy正全力以赴应对即将到来的9月销售旺季——新学期开始，都是各类图书最热销的季节。

Andy迅速召开了几次内部会议，最终证实，如果仅仅依赖目前的销售渠道，要提高销售业务和服务质量太难了。Andy期望定制开发一套比较完善的电子商务平台——叮当网上书店系统。这套网上书店系统要能结合叮当书店连锁书店自身网店分布广的优势，面向特定的顾客群体，拓展网上图书销售渠道。这意味着新的电子商务解决方案要在当年7月1日之前上线测试并投入运行，而离这个时间只有短短的5个月不到了。Andy对此一窍不通，根本不知道如何在这么短的时间内使网上书店系统上线和运行。几经斟酌后，Andy联系到了当地一家具有电子商务行业开发经验的软件研发机构——IFTC(展望软件研发中心)。Andy将这个项目的研发工作交给了IFTC。

Paul是IFTC的主要负责人，具有非常丰富的电子商务平台研发经验。Paul决定承接叮当书店的"网上书店"项目。为尽可能准确地了解叮当书店的需求，Paul做了充分的准备工作，他给Andy打电话，约了第二天中午到IFTC的茶座"曼茶馆"细聊。

经过几次当面、QQ、电话等的沟通和交流后，"叮当网上书店"项目正式开始实施。Bill作为项目组成员之一，一直参与了整个项目的需求分析，多次跟客户进行交流，按照客户制定的参考项目"当当网上书店"的页面设计效果和功能进行开发设计叮当网上书店的DEMO，并形成网站开发设计需求分析报告给客户进行确认。

1.2 相关知识

要做好网站开发设计需求分析报告，需要了解相关Web开发的知识及标准，以及需求分析报告的相关要求及内容。

1.2.1 什么是Web标准

Web标准是由W3C(World Wide Web Consortium)和其他标准化组织制定的一套规范集合，包含一系列标准，自然也包含了我们所熟悉的HTML、XHTML、JavaScript以及CSS等。Web标准的目的在于创建一个统一的用于Web表现层的技术标准，以便通过不同浏览器或终端设备向最终用户展示信息内容。

相关链接

W3C(World Wide Web Consortium)中文译名为万维网联盟，它是一个非营利性组织，主要工作是制订适用于网络的技术标准。W3C不断地考察互联网应用情况，根据互联网的发展及一些技术的逐步应用，将某些技术制定为国际统一的标准。比如HTML、CSS以及最近比较热门的XML、RDF等都由W3C负责制订。除了制订标准外，W3C还提供标准方面的资讯、标准的版本更新、辅助代码验证工具等服务，可以通过http://

www.w3c.org了解有关方面的最新消息。

1.2.2 Web标准的历史

提到Web标准的历史，不得不谈及一个经典的名词——HTML(HyperText Markup Language，超文本置标语言)。事实上，HTML技术是目前最优秀也是最为核心的Web技术之一。目前计算机上(包括互联网在内)的大部分应用程序在交互操作上的核心原理都来自于HTML的链接设计思想。

超文本式浏览从根本上改变了人们的阅读习惯，这种非线性的阅读方式，可以灵活地组织多种信息的内容。用户不再为从上至下的段落阅读方式所束缚，可以根据全文的内容随时通过某个关键字上的链接去查看相关的注释或者其他信息。更重要的是，由于这种链接式文本的出现，使得传统信息可以进行更合理的分类与检索，从而改变了信息的展现方式。

目前互联网上的优秀网站无一不是通过对信息进行合理的分析、分类与处理来创造商业价值的，比如Google、Amazon、eBay等，它们通过信息的超文本式整理与业务模式来进行整合，使得全新的商业模式带给用户与企业客观的价值。目前HTML也是最为普及的网页设计技术，不同的操作系统或者浏览器都可以通过HTML进行信息的设计、整合。HTML 4.0版本已经是一种非常成熟的页面描述脚本语言，它支持、提供(包含段落、列表、表格等)众多标签元素来对信息进行组织，并且具备一定的设计功能，比如能对版式、字体颜色及图片等信息做出控制，它是目前最普及的网页设计技术。

然而仅仅依靠一种文本技术来进行网页表现还是远远不够的，W3C通过长期的技术制订，另一种用于文本设计的技术诞生了，这就是CSS(Cascading Style Language，层叠样式表)。

在CSS技术初期，由于它的出现晚于浏览器的推出，没能被当时的浏览器所支持，所以一直未能得到普及。直到CSS 2.0版本出现，它才被广大网页设计师所接受。如果你在1999—2000年期间开始了解网页制作技术的话，应该能够体会到，当时通过CSS来定义全站的字体颜色和链接样式的方法，已经能够让当时的网站设计工作变得高效、灵活。

随着网络技术的发展与用户需求提高，单纯的信息展示已经不能满足大家对获取信息的需求。拥有交互性也是Web发展的标志之一，JavaScript的诞生正是为了处理日益增长的对页面交互的需求，使得用户能通过鼠标或者键盘操作来对页面上的信息进行交互行为，像增加、改变或者删除信息以及更为丰富的交互方式。

时至今日，Web标准已经是由一系列架构分明的技术组成，这些技术都已成为目前Web表现层技术的头号应用。

1.2.3 Web标准的构成

Web标准由一系列规范组成，由于Web设计越来越趋向整体与结构化，目前的Web标准也逐步变为由三大部分组成的标准集：结构(Structure)、表现(Presentation)和行为

(Behavior),如图 1-1 所示。

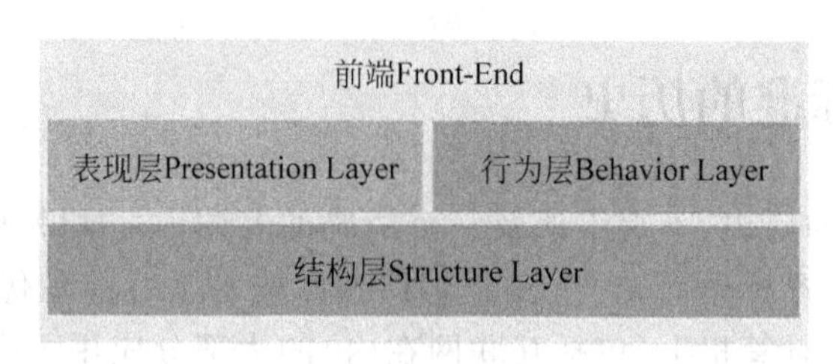

图 1-1 Web 标准三大部分

1. 结构(Structure)

结构用来对网页中用到的信息进行整理与分类。用于结构化设计的 Web 标准技术主要有这样几种:HTML、XML(eXtensible Mark-up Language,可扩展置标语言)、XHTML(eXtensible HTML,可扩展 HTML)。

(1) HTML

HTML 是 Web 最基本的描述语言,设计 HTML 语言的目的是把存放在这台计算机中的文本及图形与另一台计算机中的文本及图形方便地联系在一起,形成有机的整体,这样人们不用考虑具体信息是存放在当前计算机中还是在网络上的其他计算机中。你只要使用鼠标在某一页面中单击一个图标,Internet 就会马上转到与此图标相关的内容,而这些信息可能存放在网络中的另一台计算机里。

HTML 文本是由 HTML 标签组成的描述性文本。HTML 标签可以说明文字、图形、动画、声音、表格、超链接等。HTML 的结构包括头部(Head)、主体(Body)两大部分。头部描述浏览器所需的信息,主题包括所要展现的具体内容。

(2) XML

XML 是一种能定义其他语言的语言,即可扩展置标语言。XML 最初设计的目的是弥补 HTML 的不足,以其强大的扩展性满足网络信息发布的需要,后来逐渐用于网络数据的转换及描述。

(3) XHTML

虽然 XML 的数据转换能力强大,完全可以替代 HTML,但面对成千上万的 Internet 站点,直接采用 XML 还为时过早。因此,人们在 HTML 的基础上,用 XML 的规则对其进行扩展,得到了 XHTML。简单来说,建立 XHTML 的目的就是实现 HTML 向 XML 的过渡。

2. 表现(Presentation)

表现技术用于对已经被结构化的信息进行显示上的控制,包括版式、颜色、大小等样式控制。目前的 Web 展示中,用于表现的 Web 标准技术主要就是 CSS 技术。

W3C 创建 CSS 标准的目的是希望以 CSS 来描述整个页面的布局设计,与 HTML 所负责的结构分开。使用 CSS 布局与 XHTML 所描述的信息结构相结合,能够帮助设计师分离出表现与内容,使站点的构建及维护更加容易。

3. 行为(Behavior)

行为是指对整个文档内部的一个模型进行定义及交互行为的编写，用于编写用户可以进行交互式操作的文档。表现行为的 Web 标准技术主要如下。

(1) DOM(Document Object Model，文档对象模型)

根据 W3C DOM 规范，DOM 是一种让浏览器与 Web 内容结构之间沟通接口，使用户可以访问页面上的标准组件。DOM 给予 Web 设计师和开发者一个标准的方法，让他们来访问站点中的数据、脚本和表现层对象。

(2) ECMAScript 脚本语言

ECMAScript 脚本语言是由 CMA(Computer Manufacturers Association)制订的一种标准脚本语言(JavaScript)，用于实现具体界面上对象的交互操作。

1.2.4 网站项目需求分析的流程

一个网站项目的确立是建立在各种各样的需求上面的，这种需求往往来自客户的实际需求或者是出于公司自身发展的需要，其中客户的实际需求也就是说这种交易性质的需求占了绝大部分。面对网站开发拥有不同知识层面的客户，项目的负责人对用户需求的理解程度，在很大程度上决定了此类网站开发项目的成败。因此如何更好地了解、分析、明确用户需求，并且能够准确、清晰地以文档的形式表达给参与项目开发的每个成员，保证开发过程按照满足用户需求为目的正确项目开发方向进行，是每个网站开发项目管理者需要面对的问题。

本书就目前网站开发行业的需求分析文档为读者来进行讲解。整个需求分析阶段的流程如图 1-2 所示。

通过对这个流程的分析，建议专业的网站需求分析中应该包括以下几大部分。

(1) 网站框架图或网站地图的规划。使用专业的流程图绘制工具绘画出网站的框架图，让网站中各个页面、导航、栏目、版块都能够清晰地展现在图中，作为网站需求分析的总览图。

(2) 页面设计的需求总结。在网站需求分析中总结出哪些页面需要独立设计、页面的风格色彩是什么、页面分辨率是多少、是否有 VI 图标的设计以及数量、是否有动画设计以及数量、是否有 JavaScript 前端效果以及数量等。这些都会影响项目的工期进度以及成本。

(3) 网站功能需求总结。根据客户需要以及网站内容管理的全面性进行功能的总结，在网站需求分析中，一定要讲每个功能的细节操作定义清晰，以免在后期开发中出现歧义。例如本项目中用户模块，包括“用户注册”、“用户登录”、“用户个人信息维护”、“用户注销”、“用户修改密码”等。

(4) 技术说明。在网站需求分析中应体现出使用的是哪种技术平台、哪种设计软件，网站前端技术有哪些、安全防御措施有哪些等。

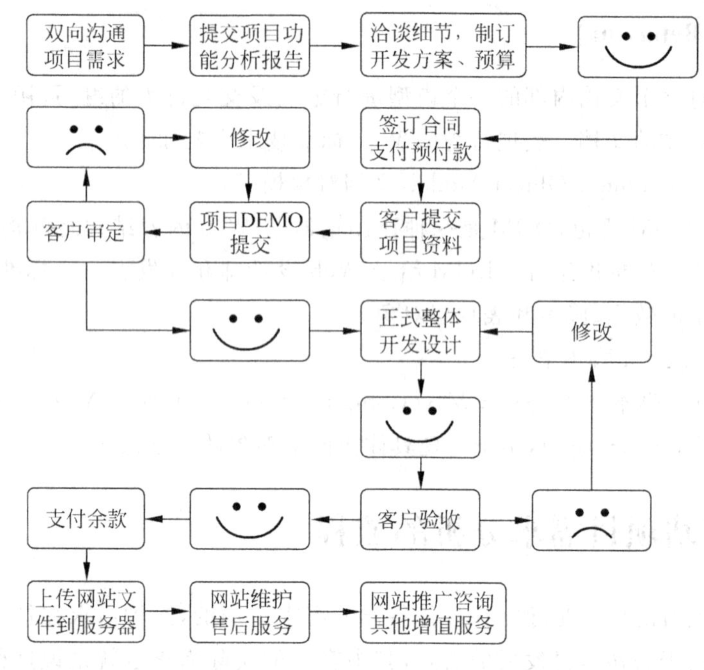

图 1-2　网站开发需求分析阶段流程图

(5) 关于网站优化的分析。实际上网站的作用主要是带来流量和客户源，因此在网站需求分析中要重视对网站优化推广的策划，分析网站的客户群习惯搜索哪些关键词去找他们需要的信息或产品，然后根据这些关键词对网站进行优化。

(6) 网站报价。当然，如果是自己公司的网站，就不必有这一步了。如果是建站公司对外服务，那么应将每项服务或功能的报价细节罗列在网站需求分析文档中。

(7) 项目实施安排。明确说明项目的实施步骤以及项目工期和人员配备的安排。

(8) 售后服务。也可以称为后期网站维护，在网站需求分析中应对网站后期的内容维护、定期改版、数据备份等工作给出安排说明。

按照以上几条进行网站需求分析并将结果撰写成文档，会对网站建设工作具有重要作用。根据网站类型和规模的不同，还可以将一些特殊的需求加入到网站需求分析文档中，以保证建站效果。

1.3　任务实现

1.3.1　页面级设计需求

Bill 通过前期的需求分析和客户指定的参考项目，对“叮当网上书店”项目的网站设计方面做了大量的分析，并制订了本项目的相关需求分析总结。

1. 定义系统用户

叮当网上书店系统的用户主要分为以下3种。

(1) 匿名用户,即未在网上书店注册的顾客。

(2) 会员,即在网上书店注册,且账号状态为"正常"的顾客。

(3) 书店管理员,即叮当网上书店的销售专员,如Andy。

2. 页面整体配色方案

根据客户Andy制订的参考项目,本项目的整体配色以橘黄为主,背景色以白色为主,字体以黑色为主,模块背景色以橘黄的渐变色为主,表单及表单元素的配色应符合整体色设计,尽量避免色差很大或者颜色跳跃为原则。

3. 页面数及分辨率

根据本项目的功能模块及业务逻辑需求,本项目总共需要设计首页、图书分类页、图书详细页、用户注册页、用户登录页、图书分类检索页、购物车页、平台帮助页8个页面。每个页面采用1024×768像素以上分辨率。页面设计采用固定宽度且居中版式。

4. 页面浏览器支持

项目中所有页面都要支持在IE 6.0、IE 7.0、IE 8.0、IE 9.0、Mozilla Firefox、Google Chrome、搜狗、世界之窗等主流浏览器上的显示统一。由于每种浏览器对CSS 2.0的兼容与解析Bug的问题,因此,同样的样式可能会在不同的浏览器中产生的效果不同,所以,需要开发者对CSS Hack技术有所了解和掌握。本书也会对项目开发中的一些常见的CSS Hack问题作详尽的讲解和剖析。

5. 页面广告及VI图标设计

根据客户Andy的需求,"叮当网上书店"的Logo需要设计制作,总体要求能够符合公司宣传需求,美观大方,符合版面设计要求。对于广告位的设计,要在网站前台页面的底部设计一个982×80像素的长幅图片广告位,主要为客户进行网络推广。

6. 页面交互设计

页面交互性能是提高网站使用用户体验度的体现,目前实现页面交互的技术比较多,比如DOM、JavaScript等。本项目网站中,准备采用目前比较流行的Ajax、jQuery等技术,实现网站首页搜索提示、用户登录页面、用户注册页面、购物车页面等相关的交互功能。

7. 页面技术方案

Bill是Web前端工程师,主要为"叮当网上书店"整个电子商务平台提供前端技术支持和保障。由于本项目电商平台的技术平台为ASP.NET、SQL Server、Windows操作系统,因此,在网站设计制作中,Bill准备采用由W3C提供的Web开发标准技术来实现,其中包括 XHTML、CSS、jQuery、Ajax 等。

8. 网站页面搜索优化

作为一个电商平台，能够在网络上快速、精确地进行搜索，能够为企业带来巨大的用户量和经济价值。因此，在网站开发设计阶段给客户进行搜索优化设计是一个非常重要的工作，这里面包括对网站关键词的设计、页面代码优化等。需要网站设计开发者在开发制作过程中具有良好的编码习惯、页面与样式分离等能力。

关于网站开发流程中的网站报价、域名注册、服务器主机、项目实施安排、后期维护与支持工作，这些在本项目中，由项目负责人 Paul 具体实施。但是，即使作为一个纯静态的网站开发项目，这些环节也是必不可少的。

1.3.2 网站功能级的需求

网站功能级的需求主要是指对网站整个业务流程和每个页面的功能模块的划分。用相应的工具软件，描述出各页面的功能模块图，以便跟客户交流时，能够快速、高效地进行需求分析和沟通交流。

Bill 按照跟客户 Andy 的交流沟通结果，对“叮当网上书店”的整体功能图、各页面功能模块图进行了绘制与阐述。

1. 网站整体功能图

网站整体功能图如图 1-3 所示。

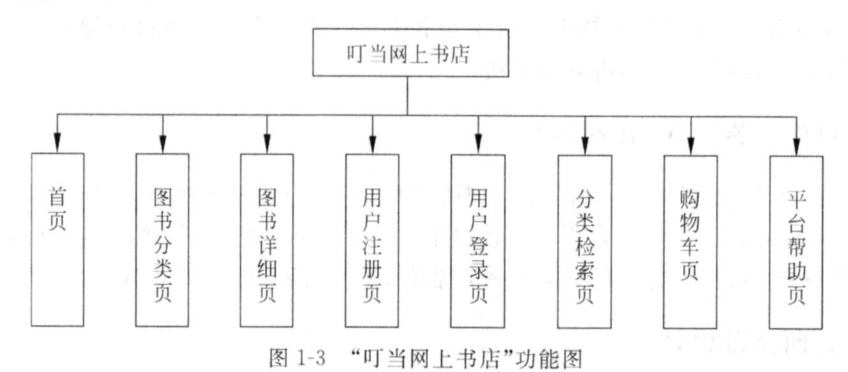

图 1-3 “叮当网上书店”功能图

2. 首页功能模块图

首页功能模块图如图 1-4 所示。

3. 图书分类页

本页面主要对图书进行分类列表展示，进行分页、排序(上架时间、价格、销售记录等)，并提供图书购买、收藏功能。其他 Logo 及导航菜单模块、快速分类检索模块、图书分类模块、品牌出版社模块、广告位展示模块等的布局与设计雷同首页。图书分类检索页

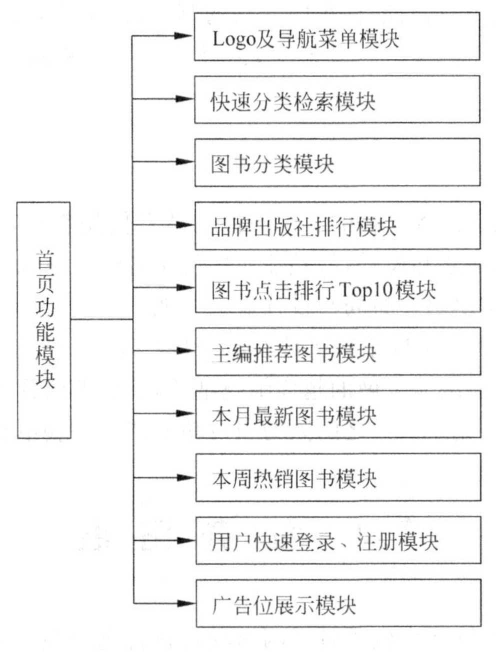

图1-4　首页功能模块图

的设计基本与图书分类页设计一致。

4. 图书详细页

本页面主要是对单本图书进行详细展示，包括图书的封面图片、书名、作者、出版社、出版时间、ISBN、原价、折扣、折扣价、库存、简要说明、详细说明等信息。本页面也提供图书购买、收藏功能。其他Logo及导航菜单模块、快速分类检索模块、图书分类模块、品牌出版社模块、广告位展示模块等的布局与设计与首页相似。

5. 用户注册页

本页面主要提供为顾客(匿名用户)进行会员注册功能，用户注册需提供E-mail账号、昵称、密码及确认密码等信息。对用户提供的E-mail账号进行Ajax的检测，确保E-mail账号在数据库记录中的唯一性。对所有表单元素进行jQuery的客户端验证。其他Logo及导航菜单模块、广告位展示模块等布局与设计首页相似。

6. 用户登录页

本页面主要为会员用户提供一个网购登录功能，登录时，会员需要提供E-mail账号、密码信息。本页面还要为会员提供找回密码功能和快速注册链接功能。其他Logo及导航菜单模块、广告展示模块等布局与设计首页相似。

7. 购物车页

本页面主要为登录会员提供在选购图书之后，结算订单之前，对图书数量、单价和总价等进行列表统计功能，包括对购物车中图书的删除、图书数量的编辑、订单总价的自动统计、继续购物链接功能、结算等。其他 Logo 及导航菜单模块、广告位模块等布局与设计首页相似。

8. 平台帮助页

本页面主要为本电子商务平台的客户提供初学者使用教程，主要将平台各页面的使用规范和操作功能进行描述和展示，能够让初次使用者快速熟练使用本平台。其他 Logo 及导航菜单模块、广告位模块等布局与设计首页相似。

Bill 根据多年的网站设计与开发项目需求分析经验，总结出了网站功能级需求的重要性和必要性。网站功能级需求做的越详细越细致，对后期的开发就越有利，越能让项目开发做到精细化，尽量避免跟客户之间因为项目功能产生一些不必要的麻烦。

1.4 任务拓展

经过任务 1 的学习，读者大致了解了网站项目设计与开发的需求分析流程和各个流程环节中应该做的具体工作。读者可以按照本任务的一些具体内容和标准，参照行业内网站设计与开发项目的需求分析报告格式，自己动手完成一份“叮当网上书店”电子商务平台项目的需求分析报告，为自己以后的职业生涯技打下一定的基础并积累一定的经验。

1.5 任务小结

本任务主要为读者讲解和阐述作为项目组重要成员之一的 Bill 的一些关于网站项目设计与开发的需求分析的流程和各流程应该做哪些工作等，并从页面级和功能级两个方面进行了详尽的阐述，让读者能够通过本任务的学习，初步了解 Web 标准的相关知识以及网站项目设计与开发的需求分析应该怎么做，做什么；也能够独立完成第一份网站项目设计与开发的需求分析报告，为接下来的工作打下一个坚实的基础。

1.6 能力评估

1. 什么是 Web 标准？
2. Web 标准有哪三大部分？每部分的技术标准有哪些？
3. 网站项目设计与开发的需求分析流程有哪些？
4. 页面设计需求需要做哪些方面？
5. 网站功能需求需要做哪些方面？

任务 2 “叮当网上书店”前台版面设计稿

通过任务 1 的“叮当网上书店”首页网站项目需求分析，Bill 基本明确了用户需求和网站的功能模块。根据网站整体功能图，网站主要可以包含首页、图书分类页、图书分类页、图书详细页、用户注册页、用户登录页、分类检索页、购物车页、平台帮助页八大功能模块。首先，根据需求，Bill 给出初步版面设计稿，并与客户沟通后修整，确定各版面的设计最终稿，以确立网站页面框架结构。

学习目标

(1) 理解常用的网站布局格式。

(2) 理解根据网站功能级的需求，完成各版面设计稿。

2.1 任务描述

Bill 通过“叮当网上书店”首页网站项目需求分析和客户指定的参考项目，确立了网站整体功能，绘制出网站整体功能图和各功能模块图。在这个阶段，Bill 要将功能图实现为各页版面设计图，安排各页面的版式，然后根据客户反馈调整，直到确定各版面的设计最终稿。

2.2 相关知识

2.2.1 网站常用的布局结构

本任务要求在了解各种布局形式后，确定各网页整体布局方式和各功能模块的安排定位。网页布局版式主要按照任务 1 中客户制订的“叮当网上书店”的页面设计效果和功能开发、设计“叮当网上书店”的 DEMO。

一般网站都需要实现以下的一些模块：网站名称与 Logo、新闻、广告、主菜单、友情链接、版权、计数器、搜索和邮件列表等，安排这些模块内容，就需要对网站进行布局，确定一种网站结构和版式。

在采用基于 DIV+CSS 的布局开发时，经常需要考虑各种显示器的分辨率和各种浏览器版本的兼容性问题。网站的视觉路径一般是从上到下，从左到右。常用的布局模式主要包括“左中右”、“上中下”以及两种模式的结合。

2.2.2 网站常用的页面版式

网站的版式可分为以下几种。

(1) 一列固定宽度。这种布局在实际应用中一般用于网站大框架的构造，比如图 2-1 所示的网站就采用了一列固定宽度居中布局，将网站整体锁定在浏览器窗口的正中间。

图 2-1　一列固定宽度居中布局网站

(2) 一列宽度自适应。自适应布局同样是网页设计中常见的布局形式之一，它能根据浏览器窗口的大小，自动改变其宽度或高度值。这是一种非常灵活的布局形式，类似于框架结构中的设置，良好的自适应布局网站对不同分辨率的显示器都能提供最好的显示效果。

(3) 二列固定宽度。二列固定宽度在页面设计中经常会用到，作为网站大框架的构造或内容分栏，都可适用，如图 2-2 所示。

(4) 二列宽度自适应。

(5) 二列右列宽度自适应。

(6) 二列固定宽度居中。

(7) 三列浮动中间列宽度自适应(见图 2-3)。

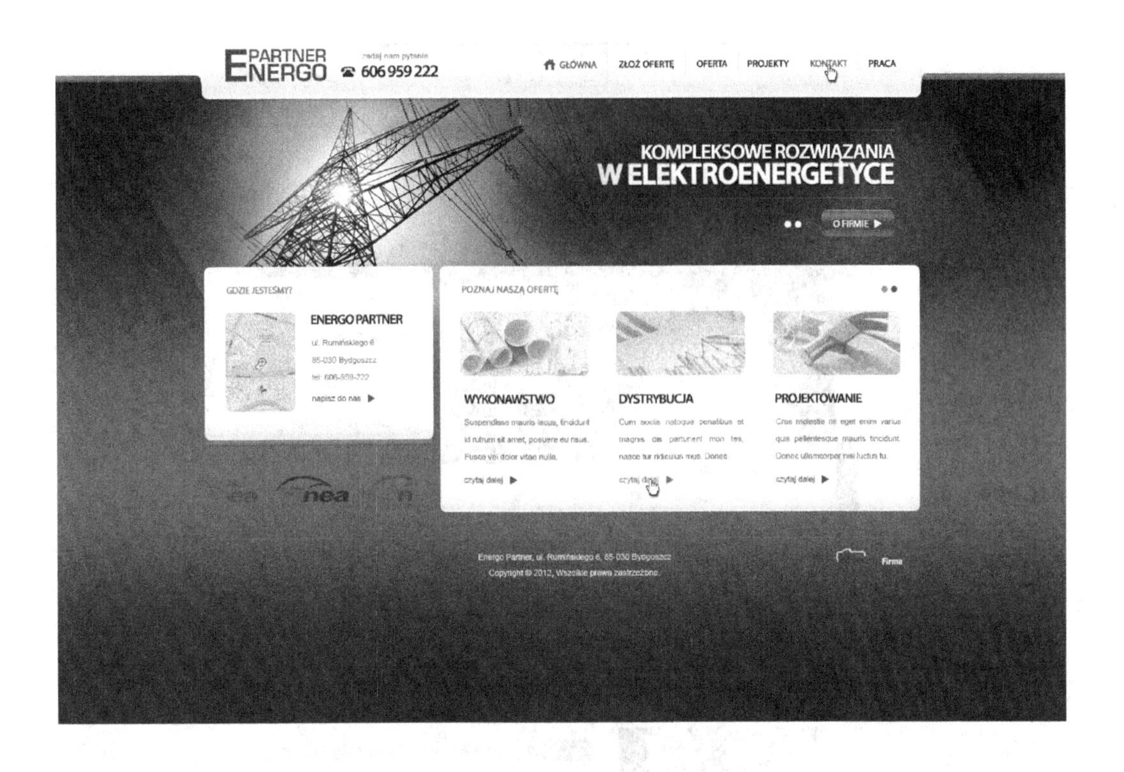

图 2-2　二列固定宽度居中布局网站

图 2-3　三列固定宽度居中布局网站

2.3　任务实现

2.3.1　“叮当网上书店”首页版面设计稿

根据任务 1 中给出的首页功能模块图确定页面中各部分的内容后，接下来需要根据内容本身考虑整体的页面版型。“叮当网上书店”是一列固定宽度居中的版式，在这里也采用这样的版式来安排图 2-4 所示的首页功能模块图中的各个模块。

“叮当网上书店”首页版面设计稿效果如图 2-5 和图 2-6 所示，分为头部、主体部分和底部。头部为导航栏和搜索栏，以橘黄的渐变色为主，导航栏从左到右分别是 Logo、导航按钮、导航文字链接。底部的上、下分为图片广告条和版权信息、工商编号。主体部分安排为左、中、右三栏显示，左侧为图书栏目和品牌出版社栏目，右侧为用户登录表单栏目和点击排行榜栏目。以上的图书、品牌出版社和点击排行榜 3 个栏目都用橙色圆角矩形作为标题背景，以列表的形式来显示具体内容。中间部分分为上、中、下三块，从上至下分别是主编推荐栏目、本月新版栏目和本周热点栏目。主编推荐和本周热点栏目都以左侧封

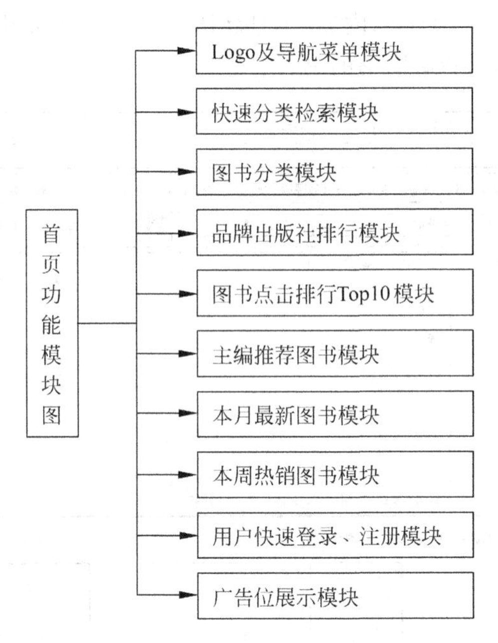

图 2-4 首页功能模块图

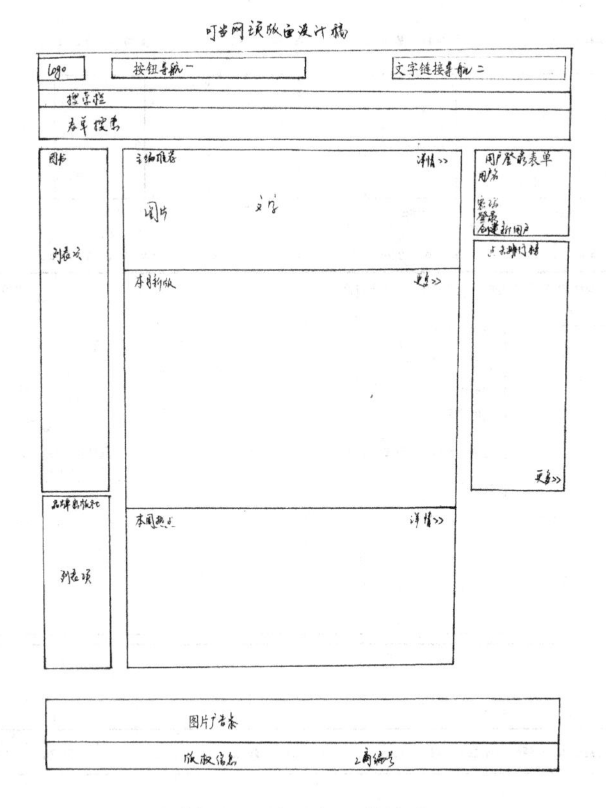

图 2-5 首页版面设计稿

面图片、右侧文字简介的形式显示内容，本月新版栏目是以封面图片配以书名价格的方式形成四列两行的列表列出新版图书的书目。

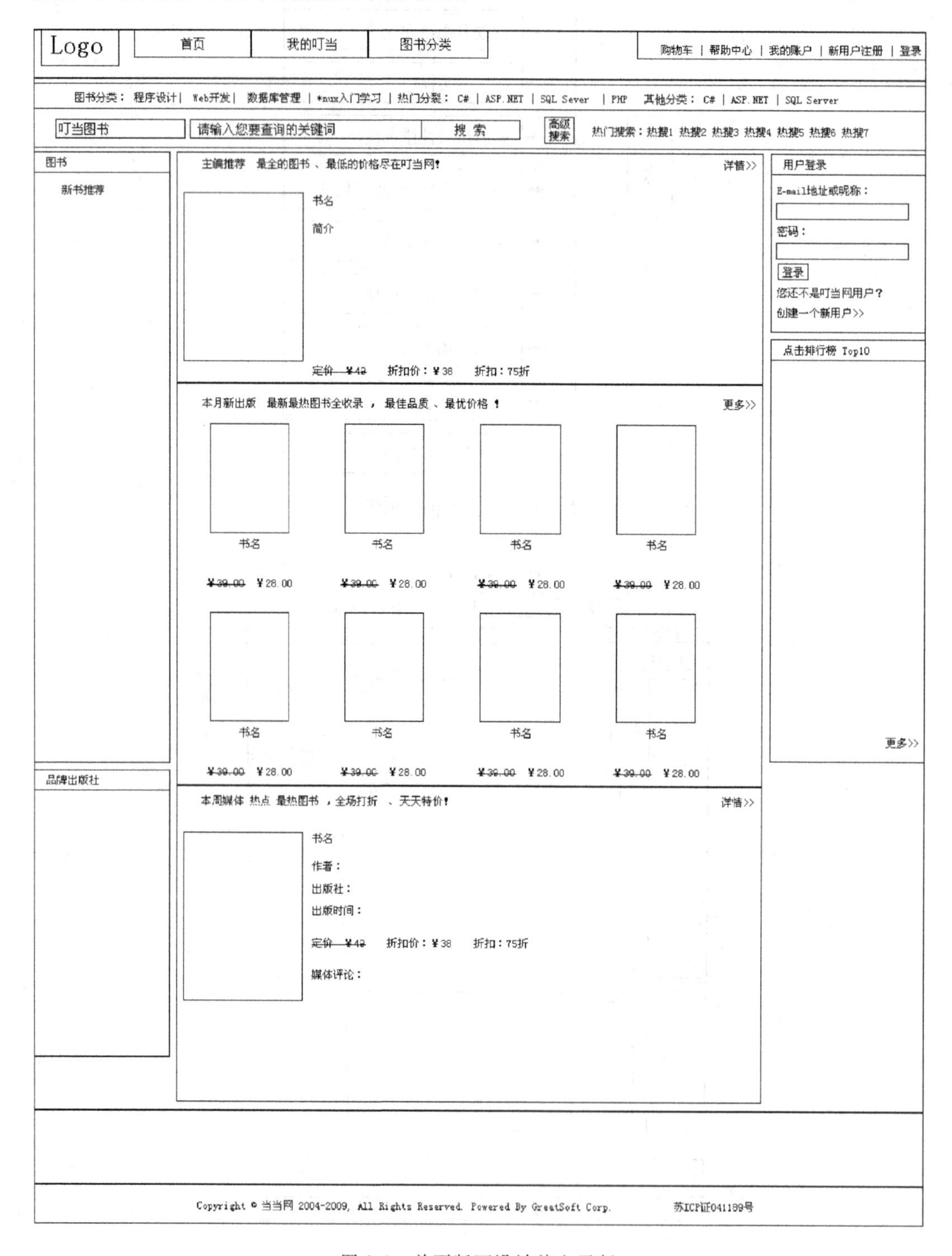

图 2-6　首页版面设计稿电子版

2.3.2 “叮当网上书店”登录页版面设计稿

登录页面为会员提供网购登录的功能。考虑到网站风格统一的问题，Logo及导航菜单模块、快速分类检索模块、图书分类模块、广告展示模块等保持布局与首页相同，也就是头部和底部沿用首页的设计。主体部分主要提供会员的网购登录功能，在布局上分为上、下结构。上部给出“叮当网，全球领先的中文网上书店”的口号，然后用一条横线与下部进行分隔；下部再分为左、右结构，按照用户的操作习惯，左侧安排广告语，右侧安排“用户登录”的界面，用圆角矩形边框包围，包含的表单内容为供E-mail账号和密码信息输入的文本框和“登录”按钮，并为会员提供找回密码功能和快速注册功能的链接文字，链接到用户注册页面。整体效果如图2-7和图2-8所示。

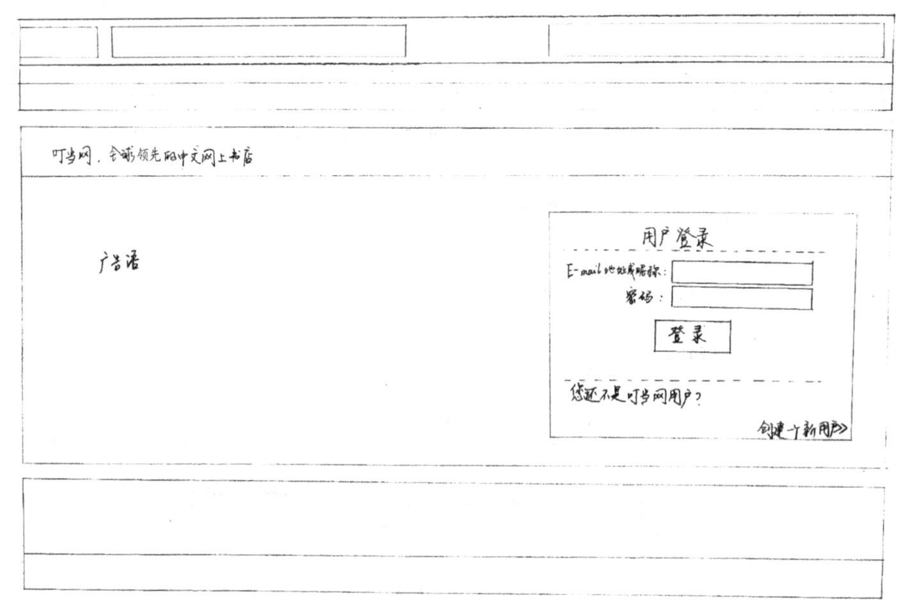

图2-7 登录页版面设计稿

2.3.3 “叮当网上书店”图书分类页版面设计稿

图书分类页面主要功能是对图书进行分类列表展示。根据风格统一性原则，头部和底部也沿用首页的设计，主体部分顶部添加页面导航，给出“您现在的位置：叮当网＞＞图书分类＞＞列表”；接下来分为左、右结构，左侧沿用首页主体部分左侧的图书栏目和品牌出版社栏目，右侧用来显示分页、排序（上架时间、价格、销售记录等），并提供图书购买、收藏功能，自上而下分别为排序方法、图书列表和页码跳转的功能模块。其中，图书列表中每页从上到下安排4本书，每本书的部分为左右结构，左侧放置封面图片，右侧从上到下依次为书名、虚线分隔、顾客评分、作者、出版社、图书简介、价格折扣和“购买”、“收藏”按钮。整体效果如图2-9和图2-10所示。

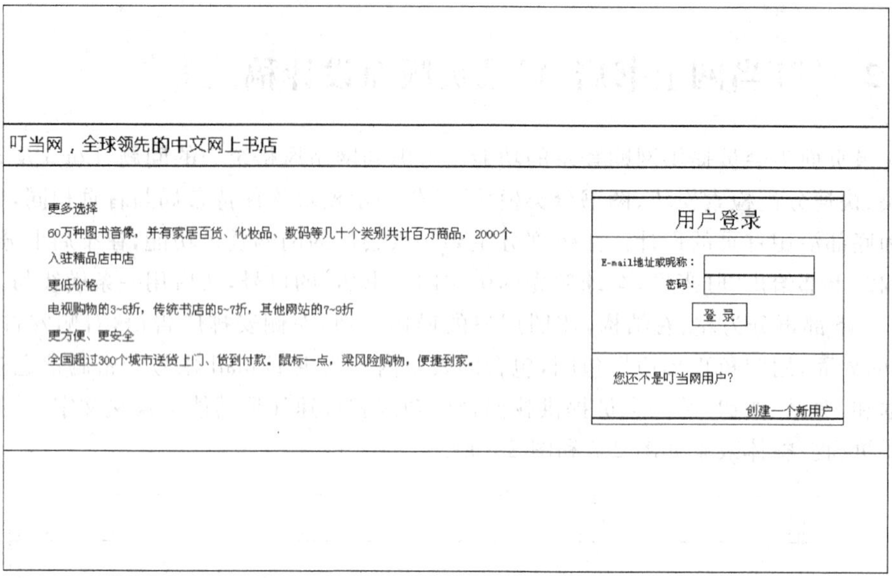

叮当网，全球领先的中文网上书店

更多选择

60万种图书音像，并有家居百货、化妆品、数码等几十个类别共计百万商品，2000个入驻精品店中店

更低价格

电视购物的3~5折，传统书店的5~7折，其他网站的7~9折

更方便、更安全

全国超过300个城市送货上门、货到付款。鼠标一点，零风险购物，便捷到家。

用户登录

E-mail地址或昵称：

密码：

登 录

您还不是叮当网用户？

创建一个新用户

图 2-8　登录页版面设计稿电子版

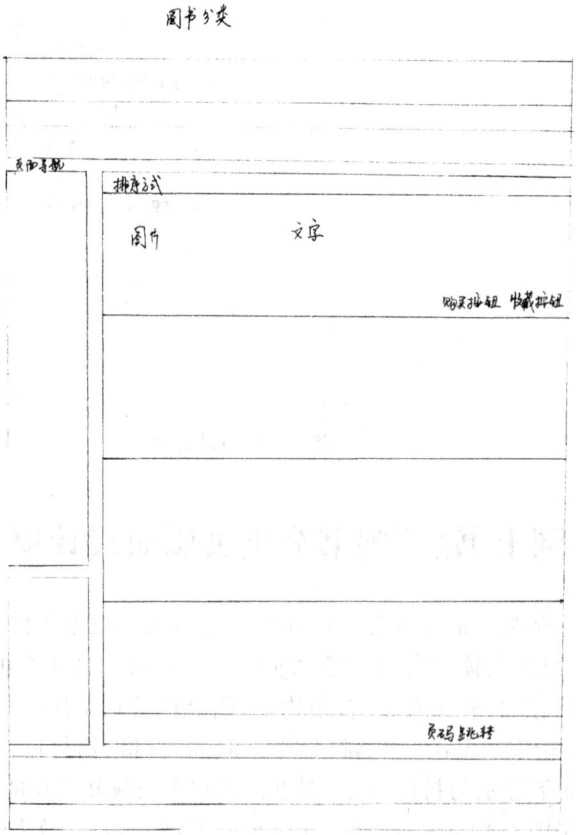

图书分类

页面导航

排序方式

图片　文字

购买按钮　收藏按钮

页码与跳转

图 2-9　图书分类页版面设计稿

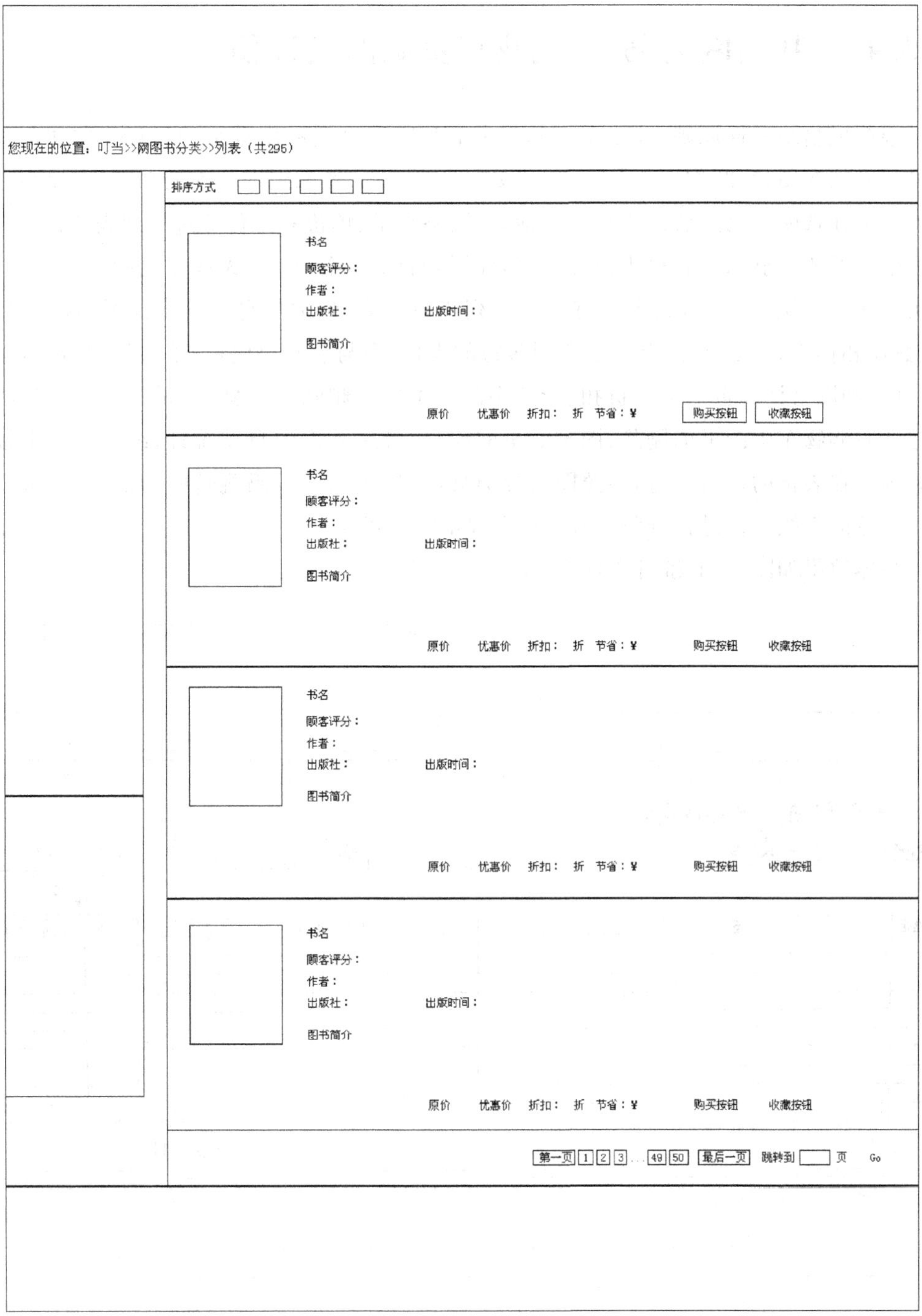

您现在的位置：叮当>>网图书分类>>列表（共295）

排序方式

书名
顾客评分：
作者：
出版社： 出版时间：
图书简介
原价 优惠价 折扣： 折 节省：¥ 购买按钮 收藏按钮

书名
顾客评分：
作者：
出版社： 出版时间：
图书简介
原价 优惠价 折扣： 折 节省：¥ 购买按钮 收藏按钮

书名
顾客评分：
作者：
出版社： 出版时间：
图书简介
原价 优惠价 折扣： 折 节省：¥ 购买按钮 收藏按钮

书名
顾客评分：
作者：
出版社： 出版时间：
图书简介
原价 优惠价 折扣： 折 节省：¥ 购买按钮 收藏按钮

第一页 1 2 3 ... 49 50 最后一页 跳转到 页 Go

图 2-10 图书分类页版面设计稿电子版

2.3.4 “叮当网上书店”购物车页版面设计稿

根据风格统一性原则，购物车页面的头部和底部再次沿用首页的设计。主体部分首先显示购物车图片和“您选好的商品：”文字。接下来，考虑到本页面的功能，主要为已登录的会员在选购图书之后结算订单之前，对图书数量、单价和总价等进行列表统计。列表用表格的形式来显示。表格为内外嵌套，外层表格为 3 行 1 列，为浅蓝色圆角细线表格。表头为浅蓝色圆角背景，其中嵌有一个 5 列 1 行的表格，内容分别为商品号、商品名、价格、数量和操作；第二行嵌有一个 5 列多行的表格，列与表头对应，为多选框、带链接的书名（链接到图书详细页）、价格折扣、带数字的文本框、“删除”及“修改”链接。本表格的功能包括对购物车中图书的删除、图书数量的编辑、订单总价的自动统计、继续购物链接和结算等。在表格的最后一行，参照图书分类页，安排相同的页码跳转的功能模块，整个表格用灰色的细线边框进行分隔；第三行为圆角底部背景。

整体效果如图 2-11 和图 2-12 所示。

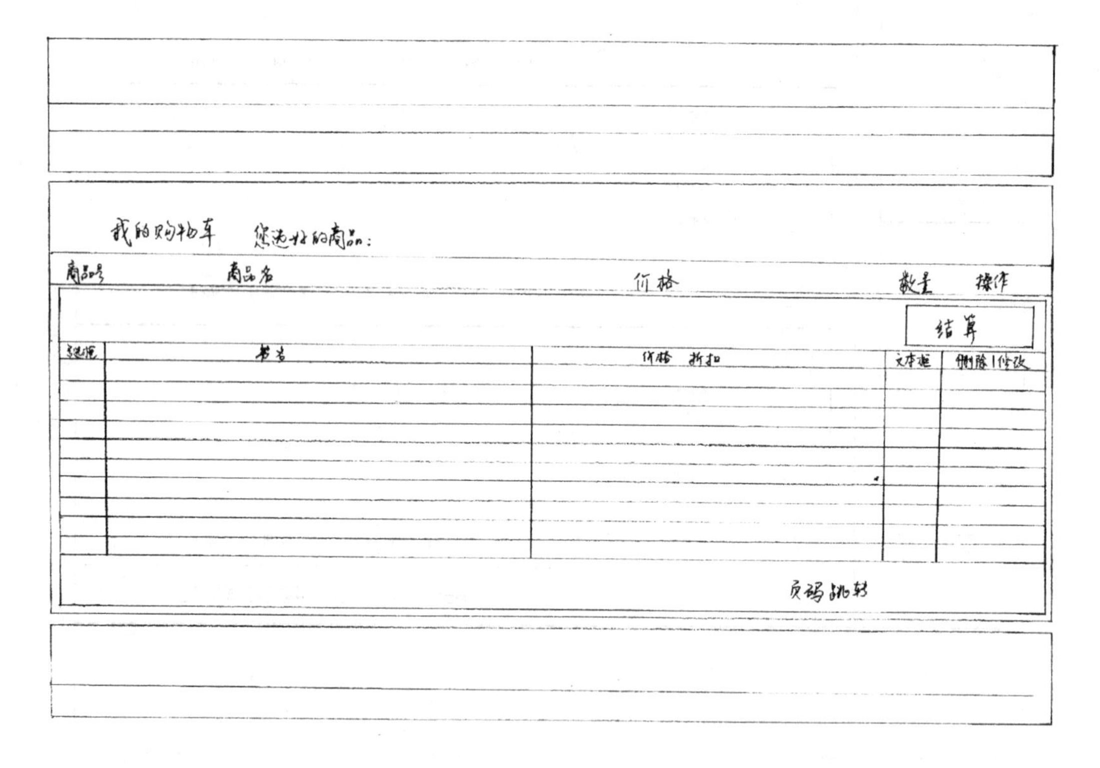

图 2-11 购物车页版面设计稿

我的购物车 您选好的商品：

商品号	商品名	价格	数量	操作
		商品金额总计：¥ 您总共节省：¥		结 算
□	20019134五月俏家物语	~~¥16.50~~ ¥13.00 79折		删除|修改
□	20019134五月俏家物语	~~¥16.50~~ ¥13.00 79折		删除|修改
□	20019134五月俏家物语	~~¥16.50~~ ¥13.00 79折		删除|修改
□	20019134五月俏家物语	~~¥16.50~~ ¥13.00 79折		删除|修改
□	20019134五月俏家物语	~~¥16.50~~ ¥13.00 79折		删除|修改
□	20019134五月俏家物语	~~¥16.50~~ ¥13.00 79折		删除|修改
□	20019134五月俏家物语	~~¥16.50~~ ¥13.00 79折		删除|修改
□	20019134五月俏家物语	~~¥16.50~~ ¥13.00 79折		删除|修改
□	20019134五月俏家物语	~~¥16.50~~ ¥13.00 79折		删除|修改
□	20019134五月俏家物语	~~¥16.50~~ ¥13.00 79折		删除|修改
□	20019134五月俏家物语	~~¥16.50~~ ¥13.00 79折		删除|修改

第一页 1 2 3 ... 49 50 最后一页 跳转到 页 Go

图 2-12 购物车页版面设计稿电子版

2.4 任务拓展

通过任务2的分析展开，读者对“叮当网上书店”的风格有了一定的了解。根据统一性原则，知道头部和底部与首页完全一致。按照每个页面的功能模块，将主要内容根据合适的版式结构，安排在网页主体部分。并适当地用边框线进行分隔。可上网查看“当当网上书店”效果进行参考，使整体效果美观大方。

2.4.1 “叮当网上书店”注册页版面设计稿

本页面的头部和底部可以沿用首页的设计，主体部分主要为顾客(匿名用户)提供会员注册功能。用户注册时须提供E-mail账号、昵称、密码及确认密码等信息。根据注册信息的需要，可采用比较整齐的行列形式来展示内容，读者可参考购物车页面独立完成此效果。

2.4.2 “叮当网上书店”图书详细页版面设计

本页面的头部和底部也可沿用首页的设计。主体部分主要是对单本图书进行详细展示，包括图书的封面图片、书名、作者、出版社、出版时间、ISBN、原价、折扣、折扣价、库存、简要说明、详细说明等信息，同时提供图书购买、收藏功能。读者可参考图书分类页面安排主体部分的页面版式。

2.5 任务小结

通过本任务的学习和实践，Bill 已经根据客户需求，完成了整个“叮当网上书店”版式的设计，对于初次学习的广大读者来说，可以上网大量浏览优秀的品牌网站，对各种网站版式进行了解，对功能模块的安排进行探索，为以后开发企业网站前台积累经验。

2.6 能力评估

1. 网页中常见的布局格式有哪些？
2. 网站设计布局中框架集有哪些？

任务3 “叮当网上书店”图片素材设计

通过任务 2 的实施，Bill 已经完成了网站各版面的设计稿，接下来就要按照设计稿的要求进行页面框架设计。在结构制作过程中，我们需要插入相关的图片，因此需要使用 Photoshop 工具进行相关图片的制作。制作结束后，在结构设计和效果设计阶段可以将图片作为网页元素插入，也可以作为背景进行页面美化。

学习目标

(1) 熟悉 Photoshop 软件界面。
(2) 熟练掌握图层的使用。
(3) 掌握文字工具的使用和编辑。
(4) 熟练掌握圆角矩形的使用。
(5) 熟练掌握前景色、背景色和渐变色填充。
(6) 熟练掌握图层样式的使用。
(7) 熟练掌握切片工具的使用和切片的导出。
(8) 熟练掌握 GIF 动画的制作和导出。
(9) 掌握蒙版的使用和编辑。

3.1 任务描述

在结构制作过程中，我们需要插入相关的图片，因此需要使用 Photoshop 工具进行相关图片的制作。网站图片设计需要体现网站的整体风格，并且要有很好的用户体验度。我们从以下几个方面进行图片的制作。

1. Logo 制作

Logo 是网站特色和内涵的集中体现。网站强大的整体实力、优质的产品和服务都被涵盖于标志中。Logo 是网站广告宣传、文化建设、对外交流中必不可少的元素。因此首先需要完成 Logo 图片的制作。

2. “购买”按钮制作

“叮当网上书店”是一个电子商务平台，需要给用户提供图书购买功能，网站的视觉效果还是很影响用户体验的，因此制作一个美观的“购买”按钮，能够提升用户的购物体验。

3. 导航按钮制作

导航按钮的功能主要是让用户更快速、有效地浏览网站，准确地找到自己需要获取的信息，进而增加网站黏度，达到优化用户体验的目的。

4. GIF 动画制作

根据设计稿的要求，首页中的列表项和标题前面的项目符号是动态效果，因此需要创建一个由多个帧组成的 GIF 动画。把单一的画面扩展到多个画面，形成一个连续循环的动作。

5. Banner 制作

页面中 Banner 的功能是让用户对网站主题有初步的了解和认识，同时增加内容的趣味度和内容方向引导。Banner 是一种网络广告形式，一般放置在网页上的不同位置，在用户浏览网页信息的同时，吸引用户对于广告信息的关注，从而获得网络营销的效果。

3.2 相关知识

3.2.1 Photoshop 工作环境

Photoshop 是基于 Windows 平台运行的图形图像处理程序。它的功能非常强大，支持多种图像格式和颜色模式，能同时进行多图层处理。Photoshop 的工作界面如图 3-1 所示。

3.2.2 像素与分辨率

1. 像素

像素是组成图像的最基本的单元，它是一个小的方形的颜色块。一个图像通常由许多像素组成，当用缩放工具将图像放到足够大时，就可以看到类似马赛克的效果，其中每个小方块就是一个像素。

2. 分辨率

图像分辨率是指单位长度内的点、像素或墨点的数量，通常用“像素/英寸”和“像素/厘米”表示。单位面积内的像素越多，则分辨率越高，图像越清晰，反之图像越模糊。

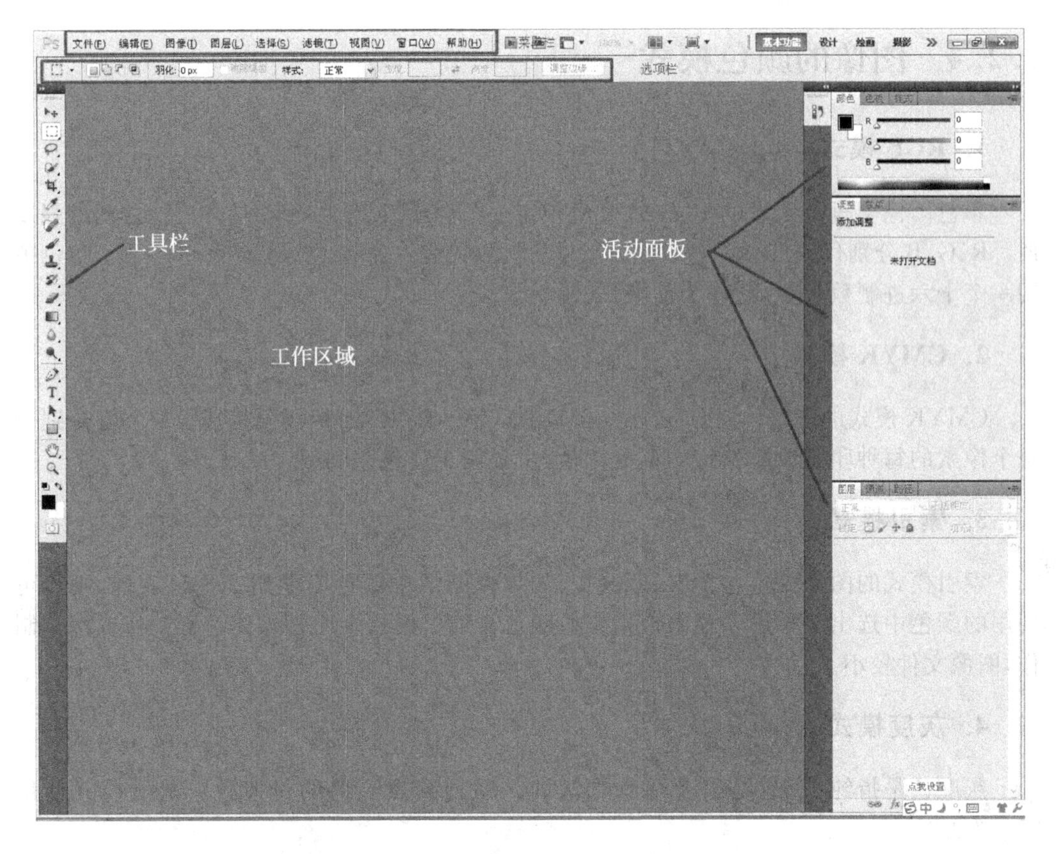

图 3-1 Photoshop 工作界面

3.2.3 位图和矢量图

1. 位图

位图是由许多点组成的，其中每一个点即为一个像素，每一个像素都有自己的颜色和强度。这些位置、像素决定图像所呈现的最终样式。通常看到的风景、人物等图像文件都是位图图像。位图色彩变化非常丰富，图像容量大。在以低于创建时的分辨率缩放或打印图像时，会使图像呈现锯齿状效果。

2. 矢量图

矢量图又称为向量图，是由线条和色块组成的图像。矢量图根据图像的几何特性描绘图像。其造型最基本的元素是点、线、面，所占的空间小。矢量图形与分辨率无关，在进行放大操作时，不会影响图形的清晰度。

3.2.4 图像的颜色模式

1. RGB 模式

彩色图像中每个像素的R、G、B分量指定一个介于0(黑色)到255(白色)之间的强度值。R、G、B分别代表红、绿、蓝,两位十六进制数代表一种颜色,范围为00～ff。颜色值用一个十六进制数(用"#"作为前缀)表示。

2. CMYK 模式

CMYK模式的图像由青(C)、洋红(M)、黄(Y)、黑(K)四种颜色构成。4个值分别为每个像素的每种印刷油墨指定的百分比值,主要用于彩色印刷。

3. 索引模式

索引模式的图像仅包含256种颜色。如果原图像中颜色不能用256色表现,则从可使用的颜色中选出最相近颜色来模拟这些颜色。索引模式多用于媒体动画制作或网页制作,图像文件较小。

4. 灰度模式

灰度色是指纯白、纯黑以及两者之间的一系列从黑到白的过渡色。灰度模式使用256级灰度。

3.2.5 图像的格式

1. PSD 格式

PSD格式是Photoshop的专用图像文件格式,可以存储Photoshop中所有的图层、通道、路径、参考线、注解和颜色模式等信息,文件比较大。

2. JPG 格式

JPG是一种图像压缩格式,可以存储RGB或CMYK模式的图像,可以嵌入路径,被广泛用于Internet。

3. GIF 格式

GIF是网页上通用的图像文件格式,用来存储索引颜色模式的图像。GIF采用LZW无损压缩,可以将数张图像存储到一个文件中,形成动画效果。

4. PNG 格式

PNG是Adobe公司针对网络图像开发的文件格式。这种格式可以使用无损压缩方式压缩图像文件，并利用 Alpha 通道制作透明背景。

3.2.6 图层

1. 图层的概念

图层是构成图像的重要组成单位，每个图层都由许多像素组成，而图层又通过叠加方式组成整个图像。打个比喻，每个图层就好似一面透明“玻璃”，当各面“玻璃”中都有图像时，俯视所有图层，可以看到完整的图像，如图 3-2 所示。如果“玻璃”中什么都没有，它就是个完全透明空图层。

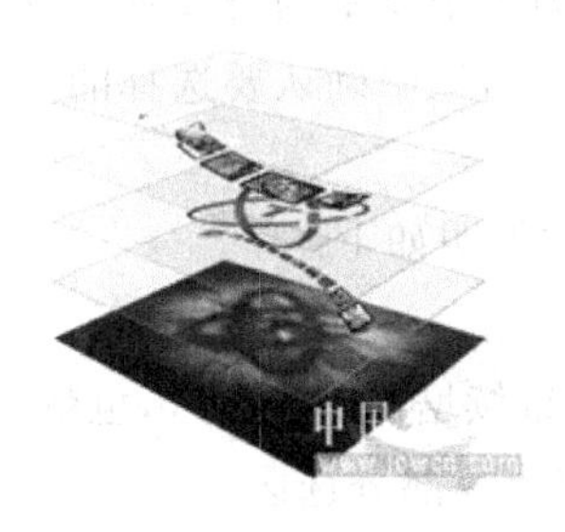

图 3-2 分层效果和显示效果比较

2. 图层的特点

(1) 图层有上下关系。
(2) 图层可以移动。
(3) 图层相对独立。
(4) 图层可以合并。

3. 图层样式

(1) 概念

图层样式是 Photoshop 中用于制作各种效果的强大功能。利用图层样式功能，可以简单快捷地制作出各种立体投影、各种质感以及光景效果的图像特效。图层样式具有速度更快、效果更精确，更强的可编辑性等无法比拟的优势。图层样式是应用于一个图层或图层组的一种或多种效果。可以应用 Photoshop 附带提供的预设样式，也可以应用“图层样式”对话框来创建自定样式。应用图层样式十分简单，可以为普通图层、文本图层和形状图层等图层应用图层样式。

(2) 斜面和浮雕图层样式

斜面和浮雕可以说是 Photoshop 图层样式中最复杂的，其中包括内斜面、外斜面、浮雕、枕形浮雕和描边浮雕，虽然每一项中包含的设置选项都是一样的，但是制作出来的效果却大有区别，大家可以在练习中不断体会。

(3) 描边图层样式

描边非常直观,也非常简单,就是沿着图层的非透明边缘加上一个描边的效果。在描边样式的参数当中,我们归结了两大类,分别是结构类型和填充类型。在结构当中,有大小、位置、混合模式和不透明度;而在填充类型中,会有颜色的选择。

3.2.7 Photoshop 常用工具

1. 选框工具

选框工具包含 4 个工具:矩形选框工具、椭圆选框工具、单行选框工具、单列选框工具。选框工具用来选择矩形、椭圆形以及宽度为 1 个像素的行和列。默认情况下,从选框的一角拖动绘制选框。使用矩形选框工具时,在图像中确认要选择的范围,按住鼠标左键不放拖动鼠标,即可选出要选取的选区。

矩形选框工具属性栏如图 3-3 所示,各属性说明如下。

(1) 新选区 :创建一个新的选区。

(2) 添加到选区 :在原有选区的基础上,继续增加一个选区,也就是将原选区扩大。

(3) 从选区减去 :在原选区的基础上剪掉一部分选区。

(4) 与选取交叉 :执行的结果是得到两个选区相交的部分。

(5) 羽化:实际上是选区边缘的虚化值,羽化值越高,选区边缘越模糊。

(6) 消除锯齿:只有在使用椭圆选框工具时,这个选项才可使用,它决定选区的边缘光滑与否。

(7) 样式:正常——通过拖动确定选框比例。固定长宽比——设置高宽比。固定大小——为选框的高度和宽度指定固定的值。

图 3-3 矩形选框工具属性栏

2. 文字工具

在 Photoshop 中提供了 4 种文字模式,如图 3-4 所示。按功能分类可以分为两大类:文字处理类以及文字蒙版类,其中横排文字工具、垂直文字工具属于前者,而横排文字蒙版工具、垂直文字蒙版工具属于后者。

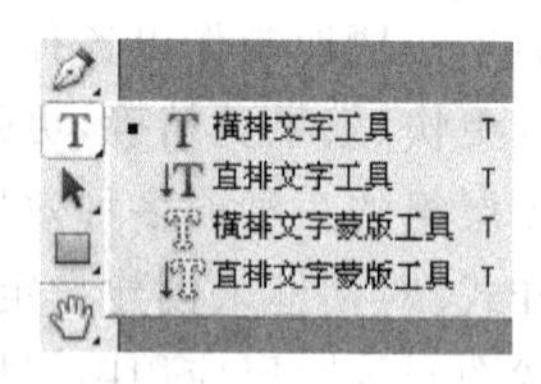

图 3-4 文字工具

选择一种文字工具后,会出现文字工具选项栏。可以预先在这里设置文字的字体、大小等各项属性,然后再输入文字。

还可以执行“窗口”|“字符和段落”命令打开“字符”面板和“段落”面板组成的面板组,如图 3-5 所示。利用此面板组来控制文字和段落的各项设定。

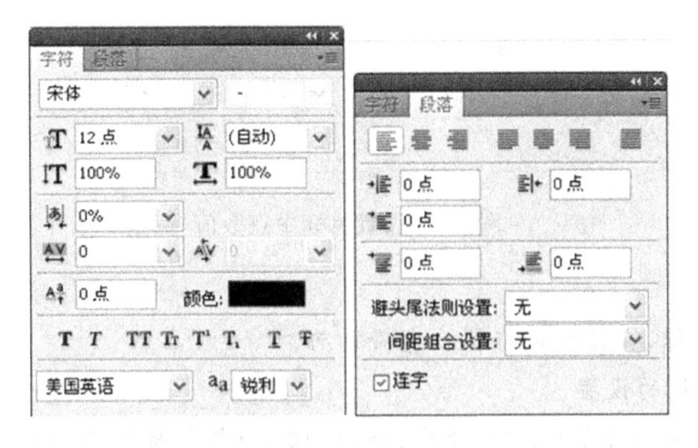

图 3-5 “字符”面板和“段落”面板

3. 渐变工具

在设计中经常使用到色彩渐变,即从某一种或多种颜色过渡到某一种或多种颜色。使用渐变工具可以创建多种颜色间的逐渐混合。实际上就是在图像中或者图像的某一部分区域填入一种具有多种颜色过渡的混合颜色,可以是从前景色到背景色的过渡,也可以是前景色与透明背景间的相互过渡或者是与其他颜色的相互过渡。渐变工具选项栏如图 3-6 所示。

图 3-6 渐变工具选项栏

下面对该工具栏中的各项参数进行讲解。

(1) 渐变编辑器 :在此下拉列表框中显示渐变颜色的预览效果。单击它打开渐变编辑器的下拉列表,在其中可以选择一种渐变颜色进行填充。也可以单击渐变编辑器,在色带中自定义渐变色。

(2) 渐变类型 :这里有 5 种渐变类型可以设置,分别是线性渐变、径向渐变、角度渐变、对称渐变、菱形渐变。

(3) 模式:选择渐变的混合模式。

(4) 反向:勾选后,填充后的渐变颜色刚好与用户设置的渐变颜色相反。

(5) 仿色:勾选后,可以增加中间色调,使用渐变效果更加平衡。

(6) 透明区域:勾选后,将打开透明蒙版功能,使渐变填充可以应用透明设置。

相关链接

(1) 色标中点

在色标与色标之间有一个小菱形,称为色标中点,它决定两种相邻颜色的分配比例,默认是 50%,代表两种颜色平均分配。如果将该点向某一个色标移动则代表该色的比例减小。色标中点的位置百分比是针对相邻两种颜色之间的区域的,是一种相对位置,不能设置颜色。选择色标中点后在“位置”处输入数值,如图 3-7 所示。

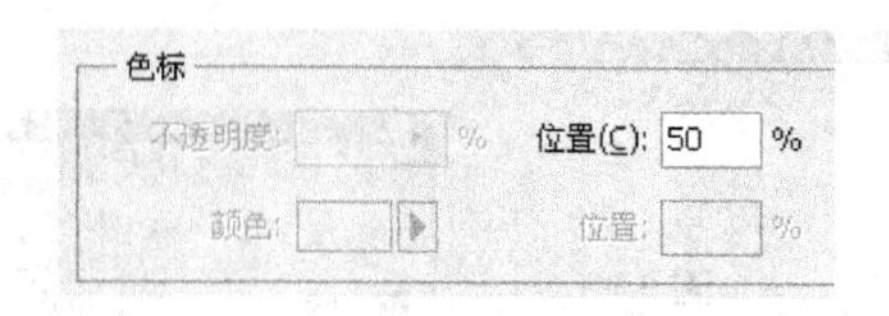

图 3-7　设置色标中点数值

(2) 删除色标

要删除某个色标，直接将色标拖出色带即可。

(3) 不透明度标的设置

不透明度标的操作方法(增加、修改、移动、删除)与色标完全一致。相邻的两个不透明度标也有一个中点控制着分配比例。与色标用彩色来表示其所指定的颜色类似，不透明度标用灰度来表示其所代表的不透明度。黑色为 100%，即完全不透明；白色为 0%，即完全透明。

4. 切片工具

切片工具是在设计 Web 页中用来分割页面的常用工具，就像在 Dreamweaver 中绘制表格一样。

Photoshop 中的网页设计工具可以帮助用户设计和优化单个网页图形或整个页面布局。使用切片工具可将图形或页面划分为若干相互紧密衔接的部分，并对每个部分应用不同的压缩和交互设置。

切片分为两种：一种是用户切片，就是用户用切片工具在图像上切割出来的切片；另一种是衍生切片，是由用户切片衍生出来的。

3.2.8　参考线

参考线是浮在整个图像窗口中但不被打印的直线。用户可以移动、删除或锁定它。

1. 参考线的创建

参考线也可以直接从标尺栏中拖出，即在水平标尺上按住左键不放并向下拖动到所需的位置，然后松开左键，就创建了一条水平参考线。也可以使用“视图”|“新建参考线”命令进行精确添加。

2. 参考线的删除

要删除参考线，可直接将参考线拖动到图片之外。

3. 锁定参考线

在菜单栏中执行“视图”|“锁定参考线”命令，可将参考线锁定，这样就不会移动和编辑参考线了。

3.2.9 Photoshop 与 GIF 动画

GIF 动画图片是在网页上经常看到的一种动画形式，画面活泼生动，引人注目。不仅可以吸引浏览者，还可以增加点击率。GIF 文件的动画原理是，在特定的时间内显示特定画面内容，不同画面连续交替显示，从而产生动态画面。

Photoshop CS3 之前的版本都是借助 ImageReady 制作 GIF 动画的，Photoshop CS3 Extended 10.0.1 可以完成 ImageReady 的 GIF 动画制作工作。执行“窗口”|“动画”命令即可开启 GIF 动画制作功能。制作动画的面板和各按钮功能如图 3-8 所示。

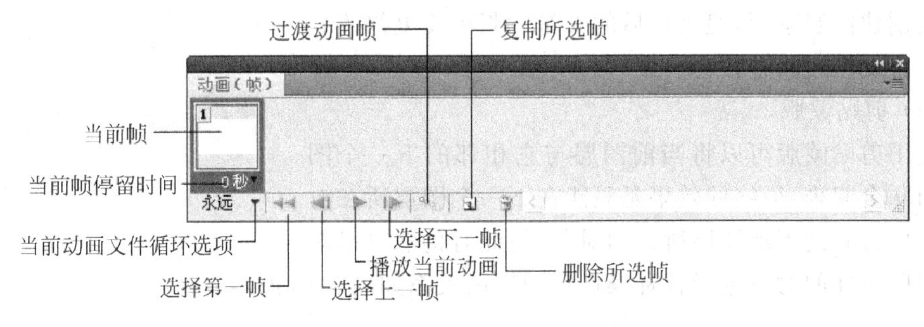

图 3-8 动画面板和按钮功能

相关链接

帧是影像动画中最小单位的单幅影像画面，相当于电影胶片上的每一格镜头。一帧就是一幅静止的画面，连续的帧就形成动画，如电视图像等。我们通常说的帧率，简单地说，就是在 1 秒钟时间内显示的图片的帧数，通常用 fps(frames per second)表示。每一帧都是静止的图像，快速连续地显示帧便形成了运动的假象。更高的帧率可以得到更流畅、更逼真的动画。每秒钟帧数愈多，所显示的动作就会愈流畅。

3.2.10 蒙版

1. 蒙版的概念

在编辑图像中，为了方便地显示和隐藏原图像并且保护原图像不被更改的技术称为蒙版。蒙版是将不同灰度色值转化为不同的透明度，并作用到它所在的图层，使图层不同部位透明度产生相应的变化。黑色为完全透明，白色为完全不透明，灰色就是半透明。

2. 蒙版的优点

(1) 在不破坏原图像的情况下，可以比较灵活地显示和隐藏图像，使图像之间更加自然地融合在一起。

(2) 修改方便，不会因为使用橡皮擦或剪切、删除工具而造成不可挽回的遗憾。

(3) 可运用不同滤镜，以产生一些意想不到的特效。

(4) 任何一幅灰度图像都可作为蒙版使用。

3. 蒙版的种类

(1) 图层蒙版

图层蒙版是指根据选择区或目标图层的整个画布创建的蒙版，一般在含有不少于 2 个图层以上的画布中，给位于上方的图层添加蒙版。通过"图层"面板底部的按钮为图层添加蒙版，如图 3-9 所示。

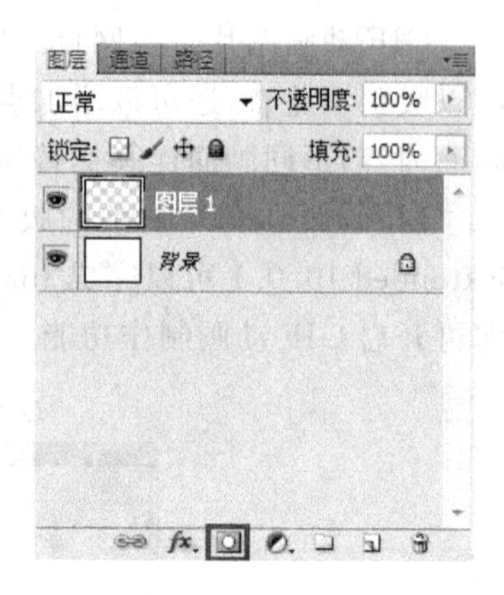

图 3-9　添加图层蒙版

(2) 矢量蒙版

矢量蒙版是指根据路径创建的蒙版(背景图层无法基于路径创建图层蒙版，但创建后的矢量蒙版可反复修改)，但必须首先创建路径。

(3) 剪贴蒙版

使用剪贴蒙版可以将当前图层与它相邻的下一个图层之间联合起来，最终的效果是只能在下一个图层所在对象的区域查看到当前图层所在的对象，但此时仍然可以对当前图层所在的对象进行各种操作。图层的关系如图 3-10 所示。

图 3-10　剪贴蒙版的图层关系

图 3-11　快速蒙版按钮

(4) 快速蒙版

快速蒙版是对选区的操作，使用快速蒙版一般先用选区工具建立一个选区，通过工具栏中的快速蒙版按钮(见图 3-11)进入快速蒙版状态，再采用画笔涂抹，最后退出快速蒙版状态。

3.3　任务实施

3.3.1　"叮当网上书店"Logo 制作

1. 新建文件

(1) 启动 Photoshop CS4，新建一个大小为 87×40 像素、背景透明的文件，如图 3-12 所示。

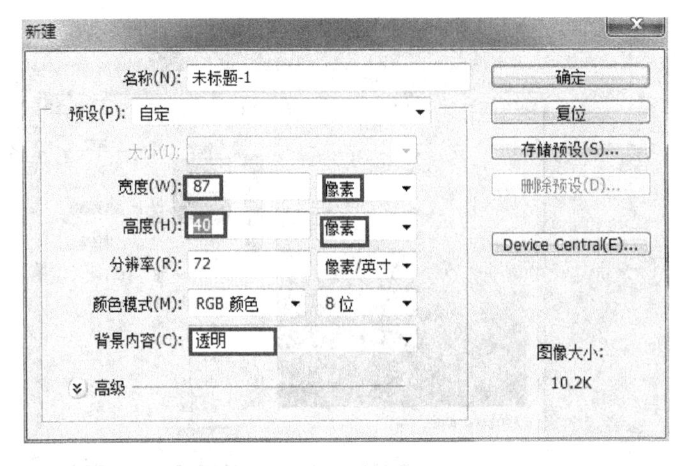

图 3-12　新建文件窗口

(2) 在“图层”面板中单击 按钮，双击图层 1，将其重命名为 name，如图 3-13 所示。

图 3-13　“图层”面板状态

图 3-14　文字输入状态

2. 输入文字并编辑

(1) 单击工具栏中的横排文字工具 T，在图像制作区单击，输入“叮当网”字样，如图 3-14 所示。

(2) 选中“叮当网”3 个字，在文字工具选项栏中设置字体(方正综艺简体)和字号(可直接输入数字 28)。双击颜色块，在“选择文本颜色”中设置颜色号为 #01a77f，如图 3-15 所示。

(3) 单击文字工具选项栏右侧的“属性”按钮 ，弹出“字符”面板，如图 3-16 所示，将所选文字的字距调整为 50。

3. 制作网址部分

(1) 新建图层 2，将其重命名为 address。

(2) 使用矩形选框工具 在 Logo 底端绘制一个矩形区域，宽度为 Logo 的宽度，如图 3-17 所示。

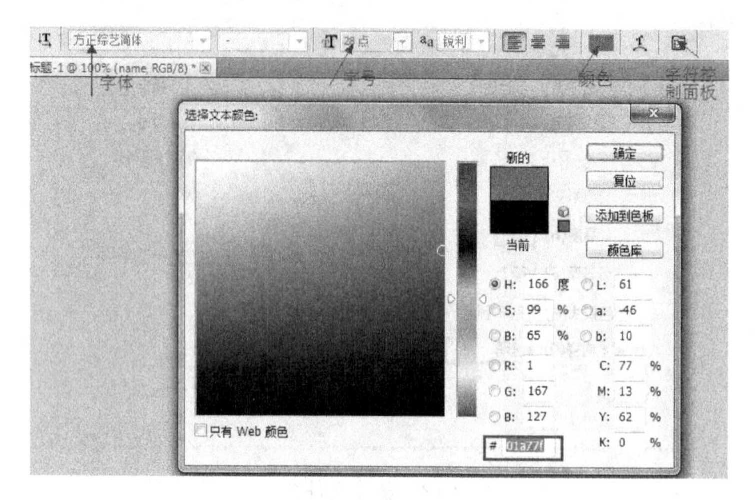

图 3-15　文字选项

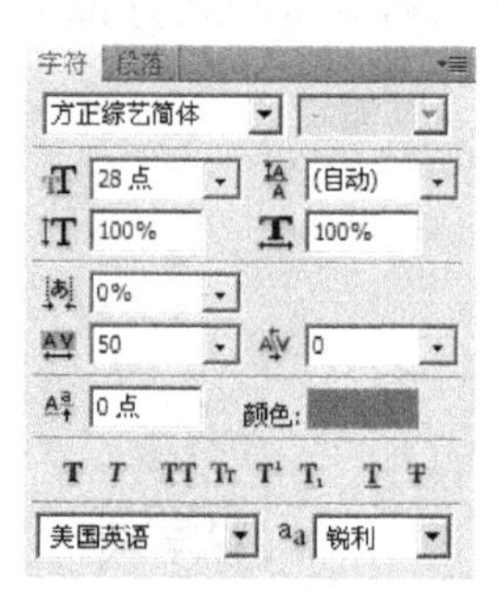

图 3-16　“字符”面板

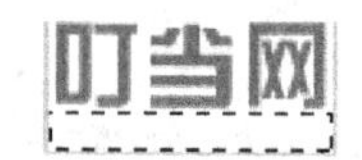

图 3-17　绘制选区

(3) 单击前景色色块■,在色板中选择颜色,将前景色设置为＃f67820。按 Alt＋Delete 键为选区填充前景色,再按 Ctrl＋D 键取消选区,如图 3-18 所示。

(4) 选择横排文字工具,在橙色色块上单击,在“图层”面板中会自动出现一个新文字图层。在插入点处输入“dingdang. com”,并设置字符各选项,如图 3-19 所示。

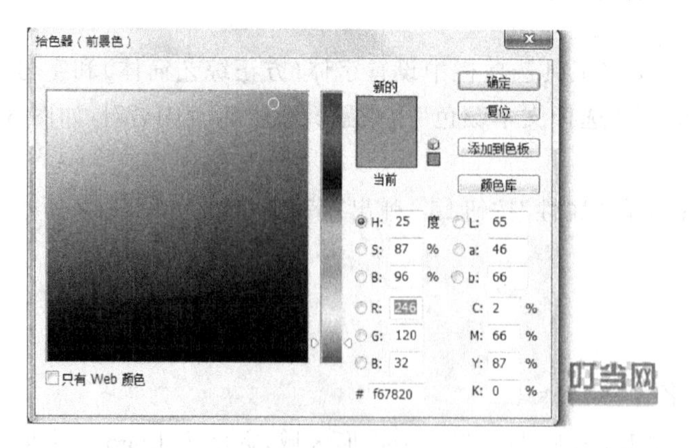

图 3-18　选区填色

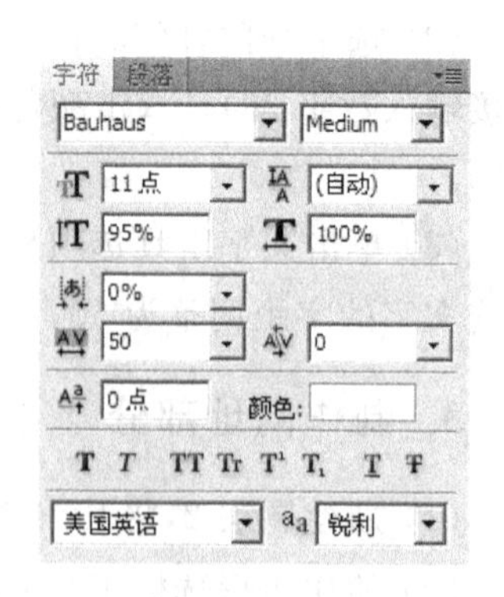

图 3-19　英文字符选项设置

(5) 在网站目录中创建一个 images 文件夹。然后在 Photoshop 中单击“文件”|“存储”命令，在弹出的“存储为”对话框中，选择保存位置为 images 文件夹，在“文件名”文本框中输入“logo. psd”，单击“保存”按钮保存文件，如图 3-20 所示。

图 3-20 “存储为”对话框

(6) 单击“文件”|“存储为”命令，在“格式”下拉列表框中选择 *. png，以原文件名存储。

3.3.2 “购买”按钮图片制作

1. 制作按钮浮雕效果

(1) 新建 69×21 像素的 Photoshop 文件，背景为透明，将图层 1 命名为 bg。

(2) 将前景色置为橙色 # ff7100，按 Alt+Delete 键在 bg 层填充前景色。

(3) 在“图层”面板底部单击 fx. 按钮，在菜单中选择“斜面与浮雕”命令，如图 3-21 所示，打开“图层样式”对话框。

(4) 在“图层样式”对话框中设置斜面和浮雕参数，如图 3-22 所示。

(5) 单击“确定”按钮，为 bg 图层添加样式。

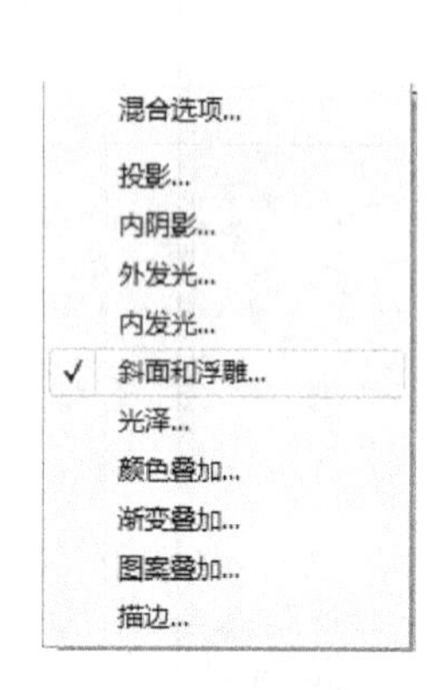

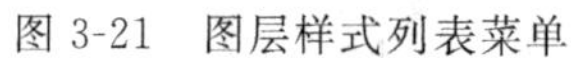
图 3-21　图层样式列表菜单

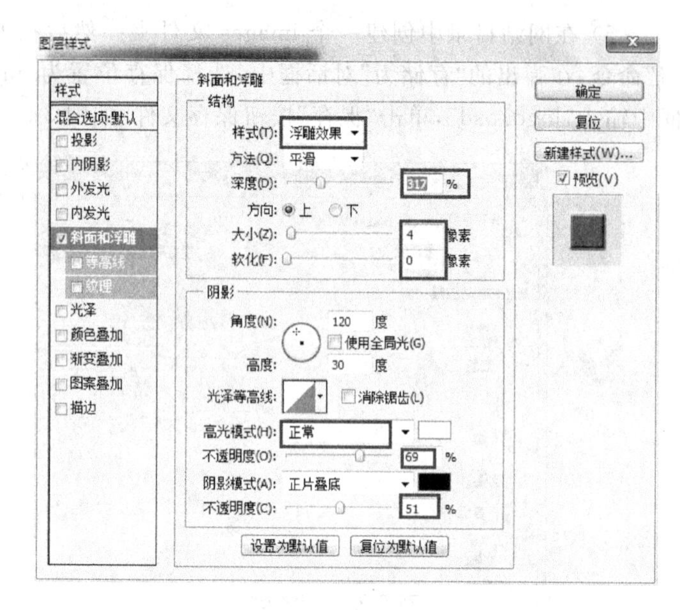

图 3-22　斜面和浮雕参数设置

2. 添加文字和购物车图标

（1）在工具栏中选择横排文字工具，在制作区的背景上单击，在插入点处输入“购买”字样，在“字符”面板中设置文字效果，如图 3-23 所示。

（2）在 Photoshop 中打开“购物车图标. png”，按 Ctrl＋A 键全选，按 Ctrl＋C 键复制。切换到“购买”按钮文件，按 Ctrl＋V 键粘贴。

（3）使用移动工具，将购物车图标放置到合适位置。“图层”面板和按钮最终效果如图 3-24 所示。

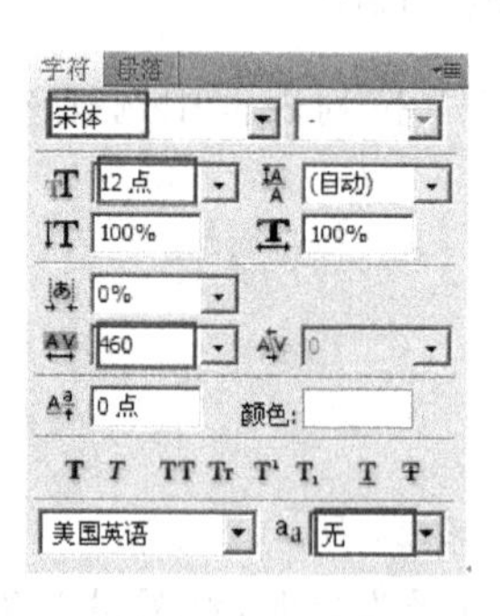

图 3-23　字符选项设置

图 3-24　购买最终效果

（4）将文件保存为 but_buy. psd，再另存为 but_buy. png。

3.3.3　头部高级搜索按钮背景的制作

（1）新建文件，大小为 33×29 像素，背景透明。

(2) 按 Ctrl+R 键,打开标尺。

(3) 单击“视图”|“新建参考线”命令,在弹出的对话框中选择“垂直”,设置位置为1px,如图 3-25 所示。

(4) 使用同样的方法再设置 3 条参考线,分别为垂直 32px、水平 1px、水平 28px,效果如图 3-26 所示。

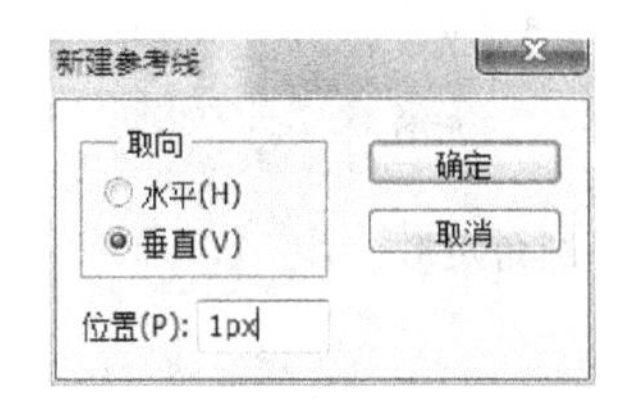

图 3-25 “新建参考线”对话框

图 3-26 新建参考线效果

(5) 在工具栏中选择圆角矩形工具,在工具选项栏中将半径设置为 2px,如图 3-27 所示。

图 3-27 圆角矩形工具选项栏

(6) 将前景色设置为白色,以参考线左上角的交点为起点,在绘图区的参考线范围内绘制圆角矩形,如图 3-28 所示。

(7) 在“图层”面板底部单击 *fx* 按钮,在菜单中选择“描边”命令,打开“图层样式”对话框,设置描边样式参数(大小为 1 像素、颜色为浅灰色),如图 3-29 所示。最终效果如图 3-30 所示。

(9) 将文件保存为 adsearch. psd,再另存为 adsearch. png。

图 3-28 白色圆角矩形

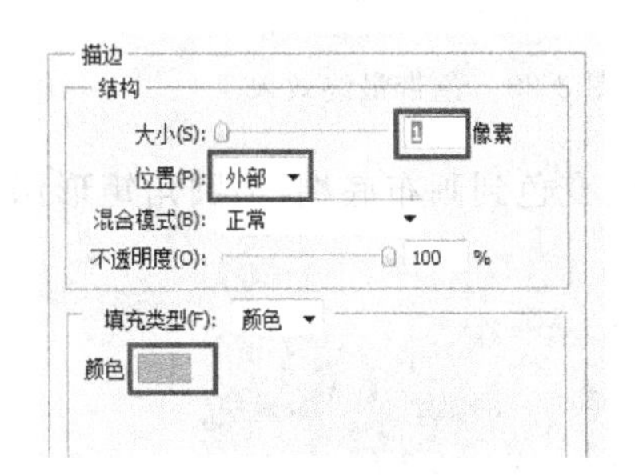

图 3-29 描边样式参数设置

图 3-30 高级搜索按钮背景最终效果

3.3.4 导航按钮背景图片制作

1. 为圆角矩形设置渐变色

(1) 新建文件,大小为 393×34 像素,背景为透明。

(2) 选择圆角矩形工具,在工具选项栏中设置圆角半径为 4px,设置圆角矩形固定大小为 W: 393px,H: 34px。在画布左上角单击,在图层 1 绘制圆角矩形,如图 3-31 所示。

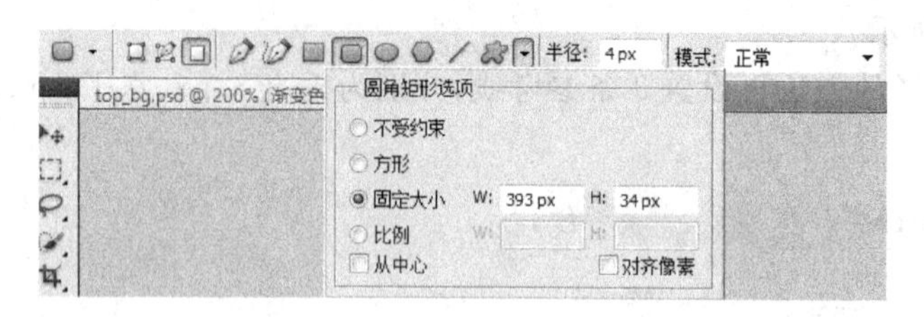

图 3-31　绘制固定大小圆角矩形

(3) 为图层 1 锁定透明像素。

注意: 在 Photoshop 中,如果只是修改活动图层有像素的区域,并且要使该图层的透明区域不受影响,就要用锁定透明像素功能。要锁定活动图层的透明区域,可单击"图层"面板的"锁定透明像素"图标,此时"图层"面板中的图层名称右边将出现一个小锁图标。

(4) 选择渐变工具,单击工具选项栏中的按钮,在渐变色编辑器窗口下方的色带中单击色带下方第一个色标,在弹出的"颜色"对话框中设置颜色为 # fcd7ba,再设置下方最右端的色标颜色为 # faa95b。

(5) 将光标移动到已设置好颜色的色带下方,光标变为手状时单击,就会增加一个色标。设置新色标的颜色值为 # f07d10,位置为 40%,如图 3-32 所示。此时色带效果如图 3-33 所示。

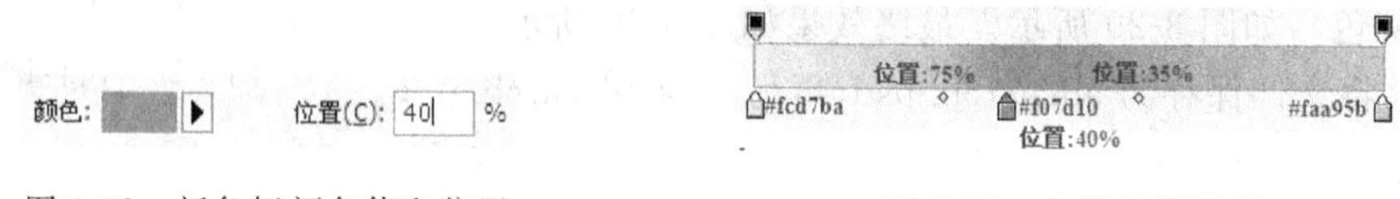

图 3-32　新色标颜色值和位置　　图 3-33　色带最终效果

(6) 将渐变色设置为线性渐变,从画布顶端拖动渐变色到画布底端,为圆角矩形添加线性渐变效果,如图 3-34 所示。

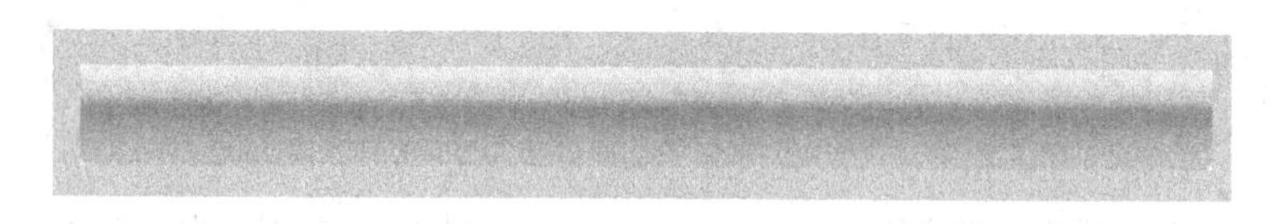

图 3-34　圆角矩形渐变效果

(7) 为该渐变层添加"描边"图层样式,大小为 1px,位置为内部,颜色为 # d1b4a6。

2. 使用参考线定位绘制深色浅色间隔线条

(1) 新建 6 条垂直参考线,位于 130px、131px、132px、261px、262px、263px 处;再新建一条水平参考线,位于 31px 处。按 Ctrl+"+"键,放大画布。

(2) 新建图层，并命名为“深色间隔线条”。

(3) 使用矩形选框工具，在第 1、2 条参考线之间绘制如图 3-35 所示的区域(宽为 1px，高度为画布高)，将前景色置为 #aa6f35，用前景色填充该区域。按 Ctrl+D 键取消选区，如图 3-35 所示。

(4) 新建图层“浅色间隔线条”，设置其前景色为 #f6d1b3。用同样的方法在第 2、3 条参考线之间绘制线条。在“图层”面板中将该图层的不透明度设置为 70%，如图 3-36 所示。

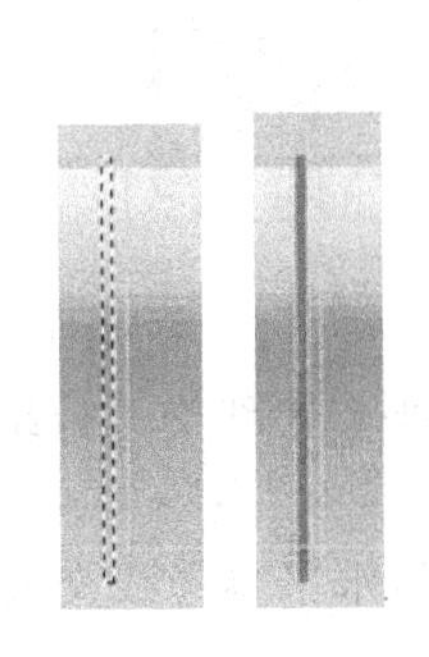

图 3-35 绘制深色间隔线

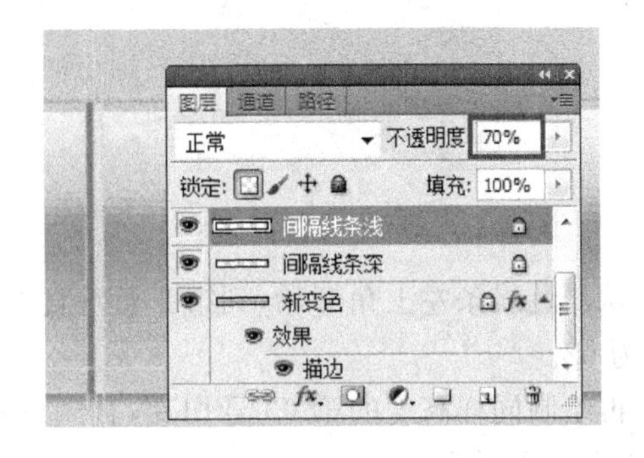

图 3-36 绘制浅色间隔线

(5) 选中“深色线条”图层，按 Ctrl+J 键复制该图层，得到深色间隔线条副本图层。选择移动工具 ，按住 Shift 键，将深色副本图层水平移动到第 4、5 条参考线之间(可以使用键盘上的方向箭头微调)，如图 3-37 所示。

图 3-37 绘制深色线条副本

(6) 复制浅色线条图层，并水平移动到第 5、6 条参考线中间位置。效果和图层关系分别如图 3-38 和图 3-39 所示。

图 3-38 间隔线效果

图 3-39 图层关系

3. 使用切片工具切片并导出所需图片

（1）选择切片工具，从画布左上角开始，到第2条垂直参考线与水平参考线交叉处结束，进行切片，编号为01，如图3-40所示。

图3-40　第一个切片

（2）从浅色线条左上角开始，到第5条垂直参考线与水平参考线交叉处结束，进行切片，编号为02。

（3）再绘制同样高度的第03号切片，直到画布右边界与水平参考线交叉处，切片最终效果如图3-41所示。

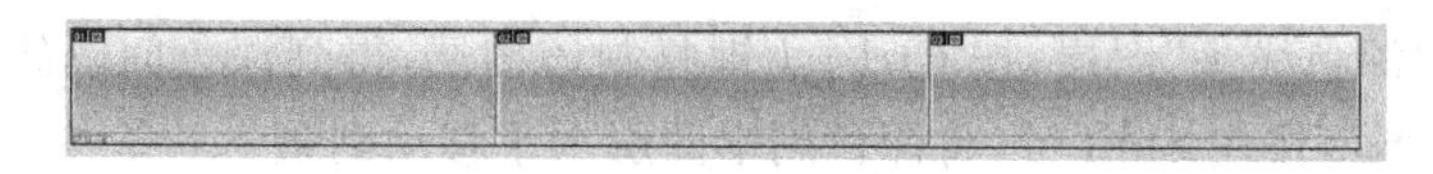

图3-41　切片最终效果

注意：这3个切片是连续的，中间不能有其他切片。

（4）选择"文件"|"存储为Web和设备所用格式"命令，选择存储格式为PNG-8，如图3-42所示。

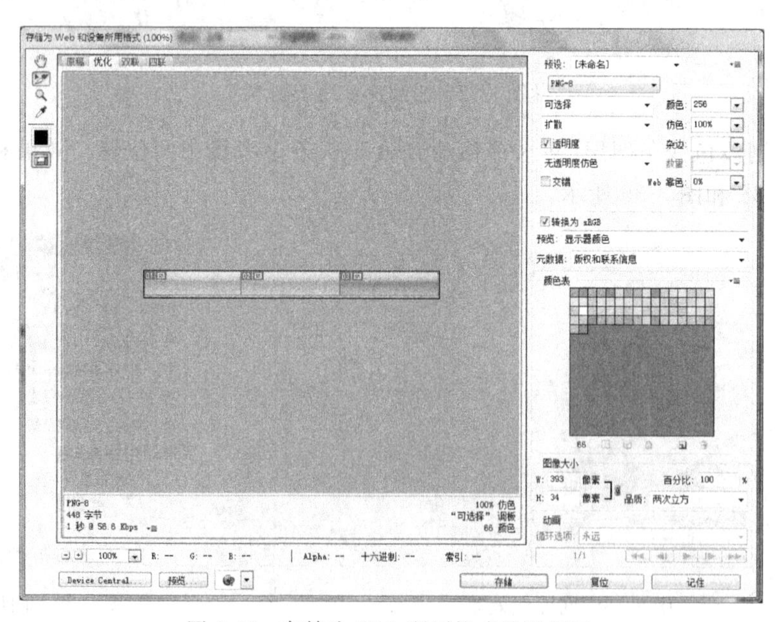

图3-42　存储为Web所用格式设置窗口

(5) 单击“存储”按钮，在弹出的对话框中输入名称为 top_bg，单击“保存”按钮，这时会在保存目录下生成 images 文件夹，如图 3-43 所示。里面有根据切片号保存的所有图片，01、02、03 号切片的图片为所需图片，将导出的衍生切片 top_bg_04.png 删除。

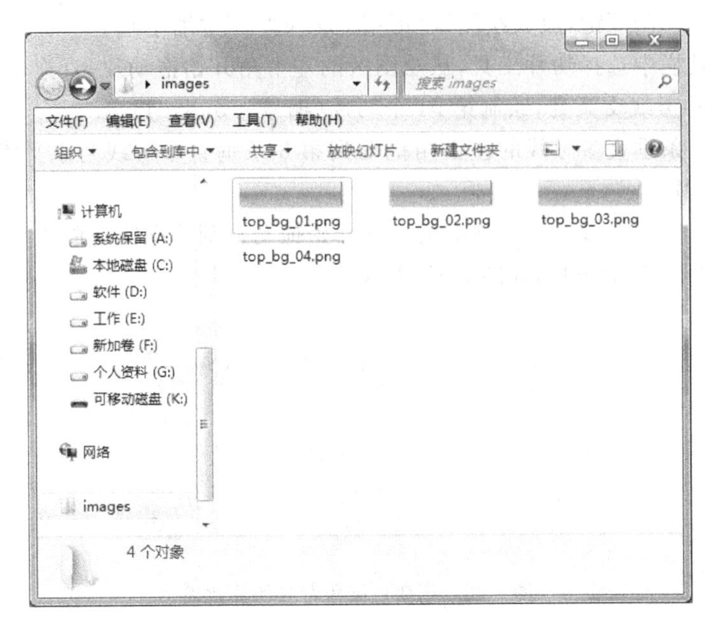

图 3-43 导出切片

3.3.5 分类导航条背景的制作

1. 分类导航条渐变背景

(1) 新建大小为 15×31 像素的文件，背景透明。

(2) 选择圆角矩形工具，在工具选项栏中单击“像素”按钮，设置圆角半径为 3px。

(3) 单击下拉按钮，在选项框中选择固定大小，设置大小为 W：15px，H：31px。

(4) 在画布左上角绘制圆角矩形。

(5) 选择工具栏中的渐变工具，单击选项栏中的渐变色编辑按钮，弹出“渐变色”编辑器。

(6) 在弹出的编辑器中，设置色带下方第一个色标颜色为＃fd7a03。

(7) 双击色带下方最右侧的色标，设置颜色为＃ff9231，单击“确定”按钮两次。

(8) 锁定透明像素，然后在工具选项栏中单击“线性渐变”按钮，从画出的圆角矩形的顶端开始，按 Shift 键拖动直到底部，为圆角矩形添加设置好的渐变色，如图 3-44 所示。

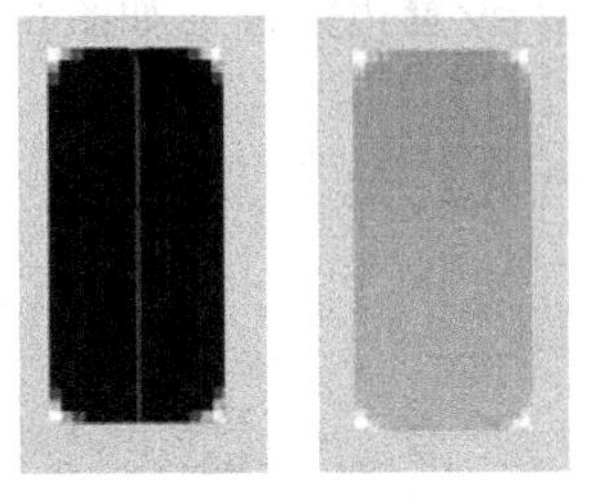

图 3-44 绘制渐变色圆角背景

2. 为分类导航条背景切片

(1) 新建3条垂直参考线,位于4px、5px、11px处;再新建一条水平参考线,位于27px处。

(2) 按Ctrl+“+”键,放大绘图区(可用Ctrl+“-”键缩小)。

(3) 在工具栏中选择切片工具,从绘图区的左上角开始拖动,一直拖动到第一条垂直参考线和水平参考线交叉处,绘制第01个切片(编号为切片01)。

(4) 从第2条垂直参考线的左上角拖动到第3条垂直参考线与水平参考线交叉处,绘制第02个切片。

(5) 从第3条垂直参考线与顶部交叉处开始拖动直到绘图区右侧边界与水平参考线交叉处,绘制出第03个切片,如图3-45所示。

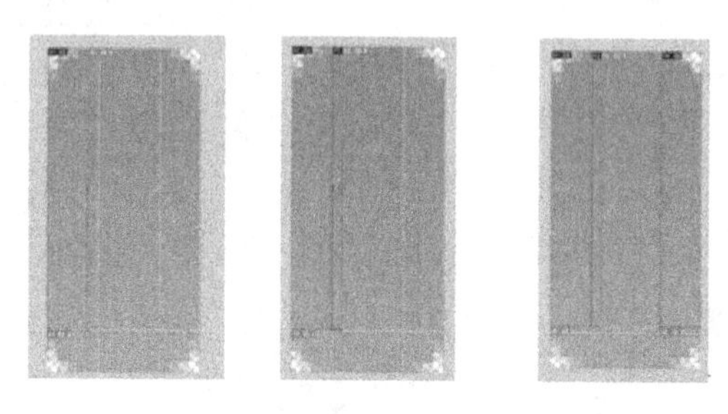

图3-45 渐变色圆角背景切片效果

(6) 选择“文件”|“存储为Web和设备所用格式”命令,选择存储格式为png-8,单击“存储”按钮。

(7) 在弹出的对话框中输入名称为bg_header,单击“保存”按钮。这时会在保存目录下生成images文件夹,里面有根据切片号保存的所有图片,01、02、04切片号的图片为所需图片。

3.3.6 GIF动画设计制作

1. 绘制橙色倒三角

(1) 新建Photoshop文件,大小为12×12像素,背景透明。

(2) 在工具栏中选择形状工具组中的多边形工具,在工具选项栏中单击像素按钮 ,设置边数为3,如图3-46所示。

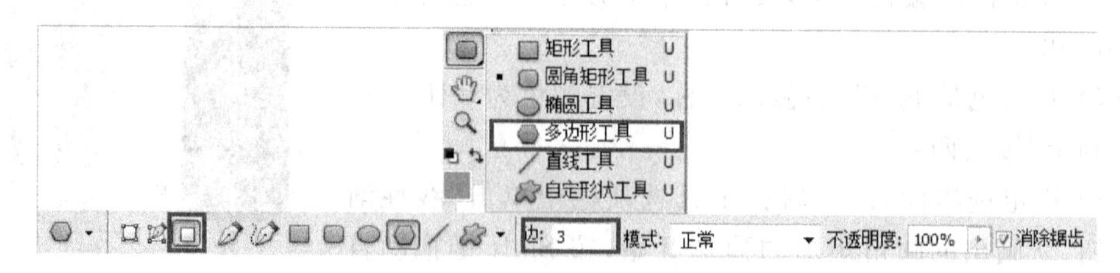

图3-46 多边形工具选择和设置

(3) 将前景色置为#ff7800。

(4) 按住 Shift 键，从画布中部位置开始拖动绘制倒三角形，如图 3-47 所示。

2. 制作上下位置交替循环动画

(1) 单击“窗口”|“动画”命令，将“动画”面板打开，如图 3-48 所示。

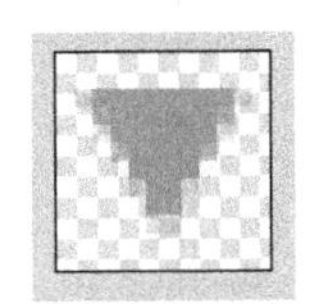

图 3-47 绘制橙色倒三角

图 3-48 “动画”面板

(2) 单击“动画”面板下方的“复制当前帧”按钮，得到重复的一帧，如图 3-49 所示。

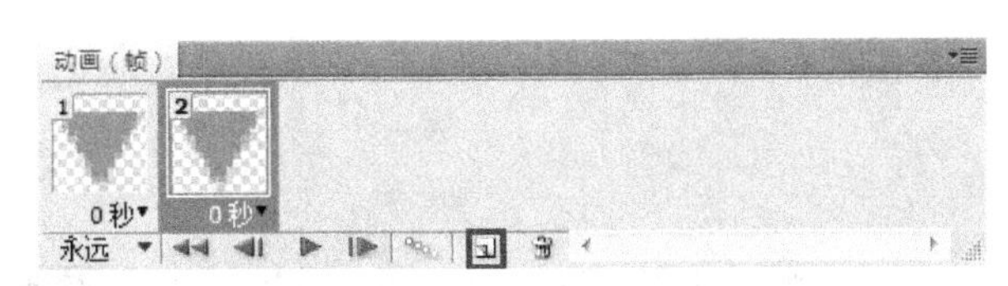

图 3-49 复制当前帧

(3) 选择移动工具，根据需要使用↑或↓键将第二帧图像向上或向下移动 1 像素，如图 3-50 所示。

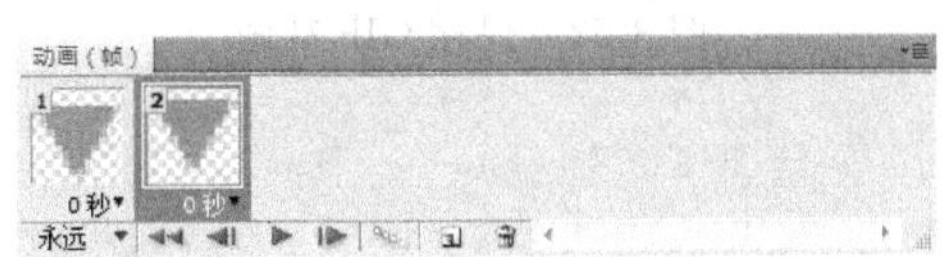

图 3-50 改变图像位置

(4) 将这两帧一起选中，单击 0 秒处的黑色箭头，在弹出的菜单中选择 0.5 秒，如图 3-51 所示。

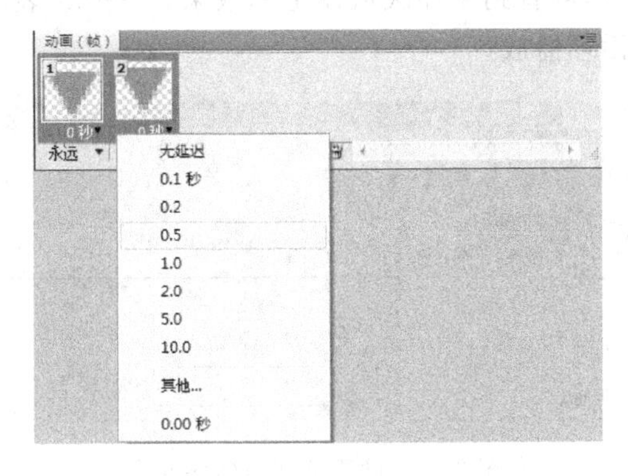

图 3-51 设置动画时间延迟

(5) 单击“文件”|“存储为 Web 和设备所用格式”命令,在弹出的对话框中单击“存储”按钮,在弹出“将优化结果存储为”对话框中输入文件名 index_arrow.gif,格式选择“仅限图像”选项,如图 3-52 所示。

图 3-52　保存 GIF 动画

3. 补充说明

(1) 动画的循环方式

可以为动画设定播放的循环次数。在“动画”面板第一帧的下方有“永远”字样,这就是循环次数。单击后可以选择“一次”或“永远”,或者自行设定循环的次数,如图 3-53 所示。之后再次播放动画即可看到循环次数设定的效果。“一次”表示动画播放一次结束后停止,“永远”表示连续循环播放。

图 3-53　设置动画的循环方式

(2) 在 Photoshop CS3 以上版本中保存 GIF 动画

① 选择“文件”|“存储为 Web 和设备所用格式”命令，出现如图 3-54 所示的对话框，参照红色区域中的设定即可。

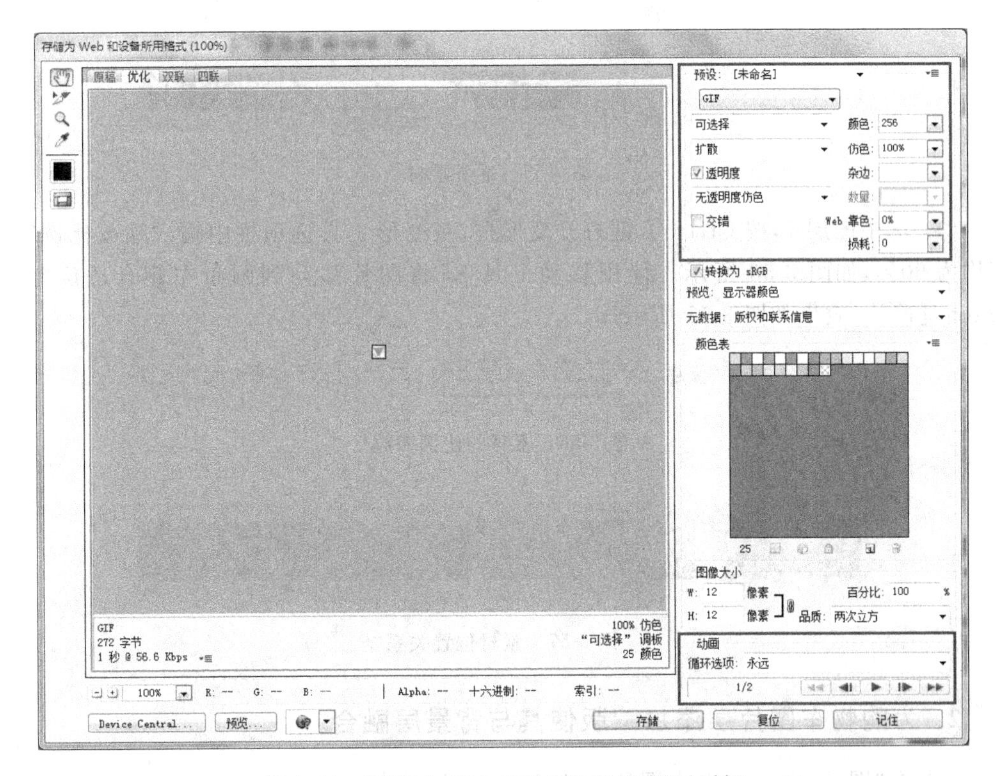

图 3-54 “存储为 Web 和设备所用格式”对话框

② 窗口右下方红色区域会出现播放按钮和循环选项，在此更改循环次数会同时更改源文件中的设定。

注意：如果在上方的红色箭头区域内没有选 GIF，则下方的“播放”按钮不可用。这是因为只有 GIF 格式才支持动画，如果强行保存为其他格式如 JPG 或 PNG，则所生成的图像中只有第一帧的画面。

3.3.7 蒙版 Banner 图制作

1. 图片素材处理

(1) 在 Photoshop 中打开 banner_bg.jpg 和 banner_pic.jpg 文件。

(2) 将 banner_pic 选定为当前文件，按 Ctrl＋A 键全选，按 Ctrl＋C 键将整个图像复制。

(3) 切换到 banner_bg 文件，按 Ctrl＋V 键进行粘贴，在“图层”面板中会产生一个图层 1，如图 3-55 所示。

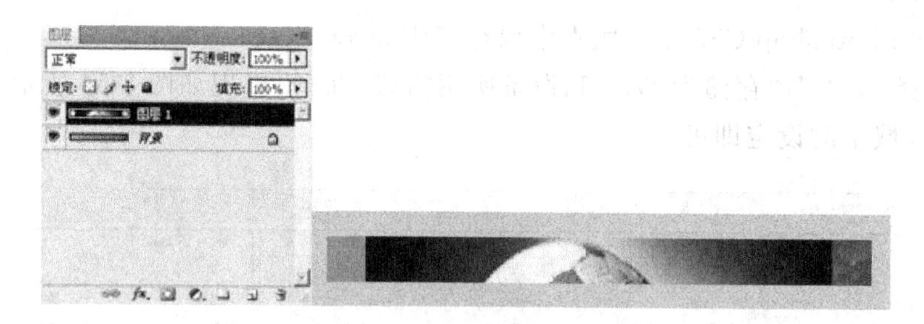

图 3-55 准备素材

(4) 选中图层 1,按 Ctrl+T 键打开变形框,在变形工具选项栏中输入缩放比例宽和高均为 50%,如图 3-56 所示。使用移动工具 将图片移动到画布左侧合适位置,按 Enter 键确认,效果如图 3-57 所示。

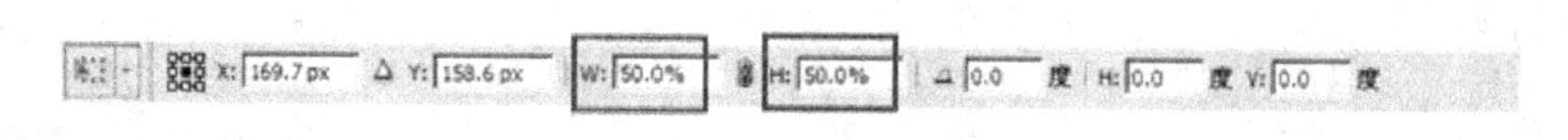

图 3-56 素材的比例缩放

图 3-57 素材位置关系

2. 为购物车图片层添加蒙版使其与背景层融合

(1) 在"图层"面板中选中图层 1 为当前图层,单击"图层"面板下方的"添加图层蒙版"按钮 ,为图层 1 添加一个蒙版,如图 3-58 所示。

(2) 按 D 键,恢复默认的前景色/背景色为黑/白。

(3) 选择工具栏中的渐变工具 ,选择黑色到白色渐变。

(4) 选中"图层"面板中的图层 1 蒙版缩略图,在画布上从金色图片右侧拖动渐变色到左侧,为图层 1 添加黑白渐变蒙版,如图 3-59 所示。

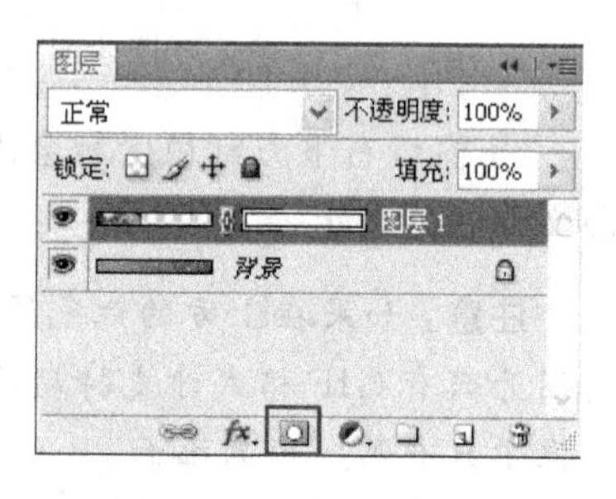

图 3-58 添加图层蒙版

图 3-59 添加蒙版后的效果

(5) 使用文字工具按照最终效果添加文字，如图 3-60 所示。

图 3-60 底部 Banner 最终效果

(6) 将文件保存为 index_end. psd，并另存为 index_end. png。

补充说明

为图层添加蒙版后，“图层”面板呈现如图 3-61 所示的状态。左侧是图层缩略图，右侧是蒙版缩略图。

蒙版的基本操作如下。

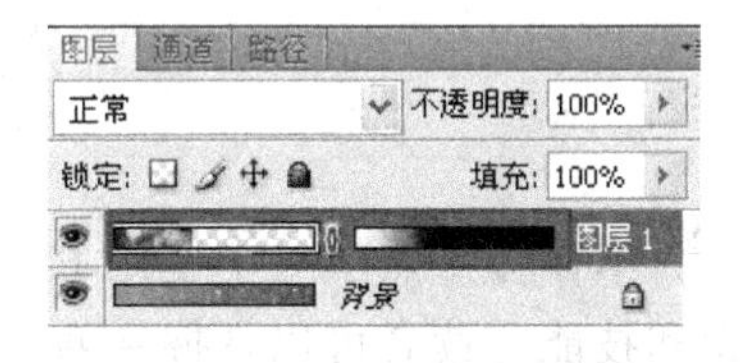

图 3-61 图层和蒙版缩略图

(1) 蒙版的移动。选中蒙版缩略图或者图层缩略图使用移动工具，就可以改变其位置，形成不同的效果。

(2) 蒙版的链接。在图层缩略图和蒙版缩略图中间若有按钮，表示图层和蒙版链接了，对图层移动或缩放时蒙版也会移动缩放。如果需要取消它们之间的链接，只要再次单击“链接”按钮，即可让其消失。

(3) 蒙版的停用。要想停用蒙版效果，只要右击蒙版缩略图，选择“停用图层蒙版”命令，蒙版缩略图上会出现一个红叉。如果要重新使用蒙版，只要右击蒙版缩略图，选择“启用图层蒙版”命令即可，如图 3-62 所示。

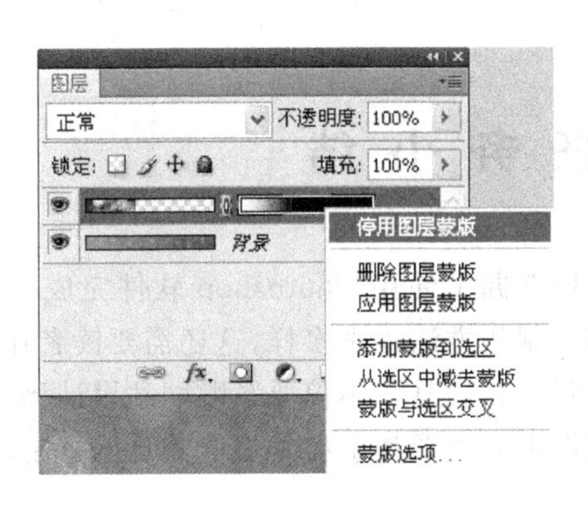

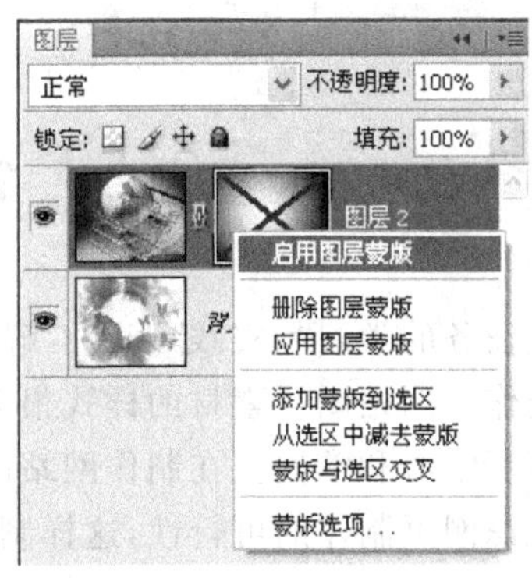

图 3-62 蒙版的停用和启用

(4) 蒙版的删除。要想删除蒙版效果，只要右击蒙版缩略图，选择“删除图层蒙版”命令即可，如图 3-63 所示。

注意：

(1) 将背景图层转为普通图层是因为背景图层不能应用蒙版。

(2) 在蒙版上操作，不会对图片造成一点破坏；而使用橡皮擦工具，会将图片的像素擦掉(删除)了。因此，在蒙版上如果做得不满意，删掉蒙版就行了，不会对图片有任何影响。

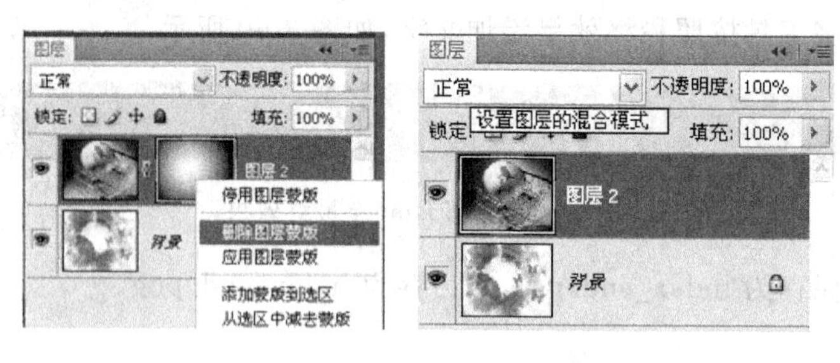

图 3-63　删除图层蒙版和效果

3.4　任务拓展

本任务重点学习了使用 Photoshop 软件进行“叮当网上书店”图片素材制作的相关知识和技能。读者可以掌握一些常用的图像处理方法。下面独立完成以下相关效果，从而能够熟练掌握本任务的相关知识和技能。

(1) 制作“收藏”按钮，效果为 。

(2) 制作鼠标悬停在“高级搜索”按钮上时的背景图片，效果为 。

(3) 制作“搜索”按钮，效果为 。

(4) 制作鼠标悬停在“导航”按钮上时的背景图片(注意渐变色的变化)，效果分别为 、 、 。

3.5　任务小结

通过本任务的学习和实践，Bill 了解和掌握了使用 Photoshop 软件完成网站所需图片素材的制作。网站图片素材的样式很多，制作方法也很多样，这还需要读者在今后的实践过程中不断学习和掌握。在制作网站图片的过程中，不仅要紧贴网站设计稿的要求，还要尽可能考虑网页制作的可行性，这样制作出来的图片素材才更能满足网页制作的需要。

3.6　能力评估

1. 什么是位图？它与矢量图有什么区别？
2. 简述图层的特点。它与像素和图像的关系是什么？
3. 图像常用的颜色模式有哪几种？
4. 三基色是指哪三种颜色？图像中的颜色值分别有哪两种表示方式？
5. 网页中能支持的图像格式有哪些？
6. 简述蒙版的作用和原理。

第二阶段

网站的结构架设

任务4 “叮当网上书店”项目建站

通过前期的准备，Bill已经将“叮当网上书店”的整体规划和所用素材等资料完成。接下来Bill就要开始带领大家进行整个网站的制作了。就如同造房子打地基一样，首先我们必须掌握网站搭建的第一步——建站，同时还要掌握一门搭建结构的语言——XHTML。

学习目标

(1) 理解Dreamweaver CS6的工作环境。

(2) 理解XHTML的文件结构及编码规范。

(3) 掌握head标签的应用。

(4) 掌握建站的步骤和方法。

4.1 任务描述

(1) 学习XHTML语法及文件结构。

(2) 完成“叮当网上书店”项目建站及首页的创建。

4.2 相关知识

4.2.1 Dreamweaver CS6工作环境

Dreamweaver CS6是Adobe公司推出的一套拥有可视化编辑界面，用于制作并编辑网站和移动应用程序的网页设计软件。Dreamweaver CS6是一个“所见即所得”的网页编辑器，它集网页设计、网站开发和站点管理功能于一身，具有可视化、支持多平台和跨浏览器的特性。

启动Dreamweaver CS6，出现如图4-1所示的对话框。在“新建”栏中选择HTML，进入Dreamweaver CS6的标准工作界面，如图4-2所示。

从图4-2可以看出，Dreamweaver CS6的标准工作界面包括应用程序工具栏、更改

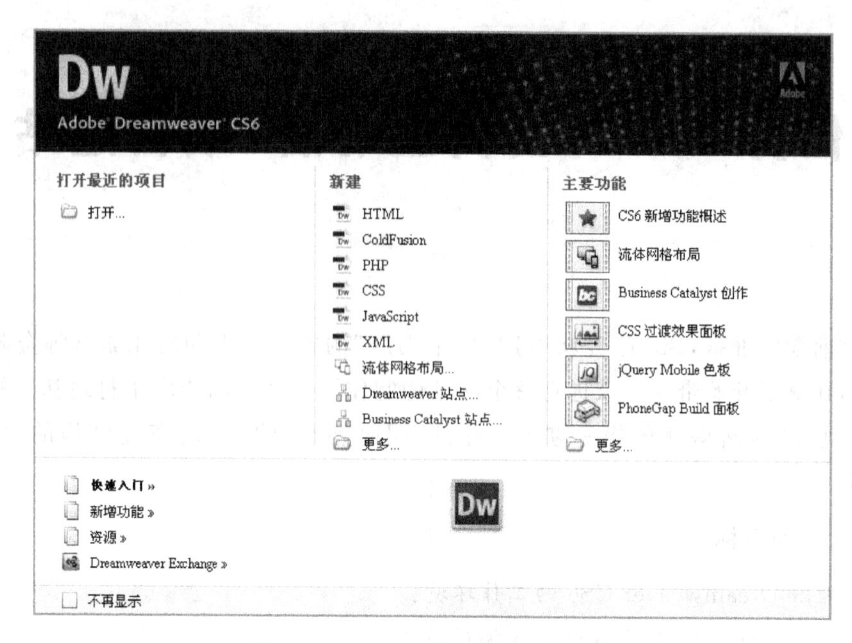

图 4-1 Dreamweaver CS6 启动界面

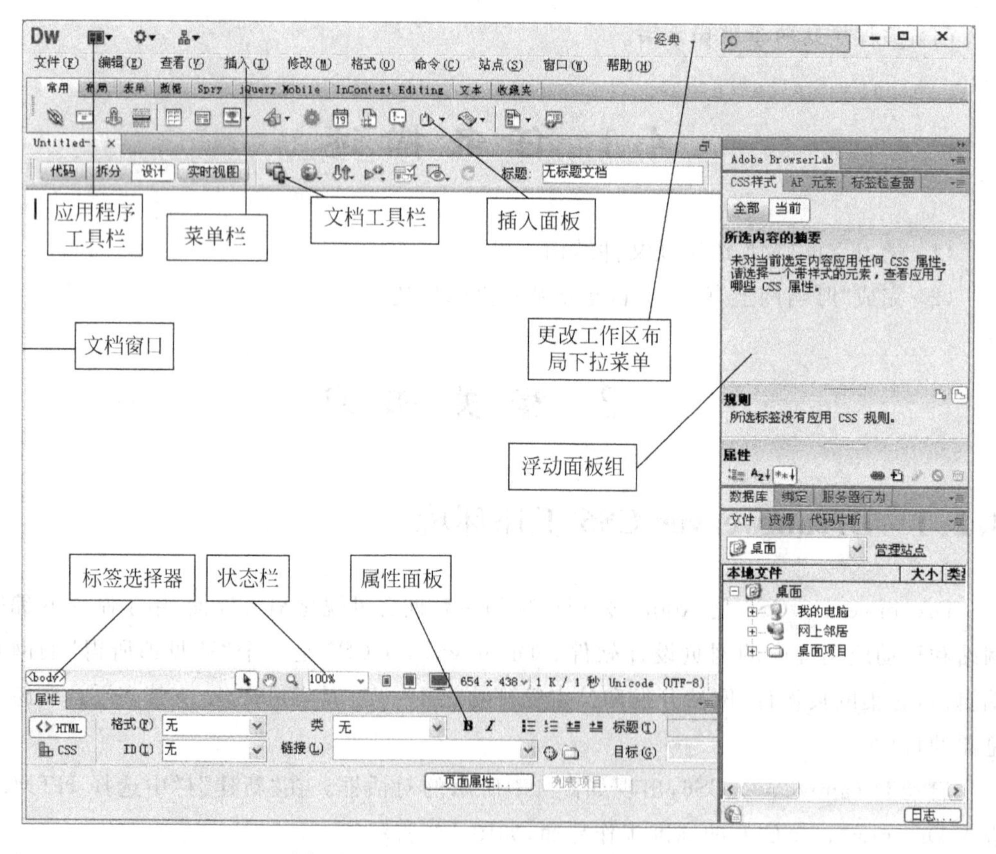

图 4-2 Dreamweaver CS6 标准工作界面

工作区布局下拉菜单、菜单栏、插入面板、文档工具栏、标签选择器、文档窗口、状态栏、属性面板和浮动面板组。

(1) 应用程序工具栏。在 Adobe Dreamweaver CS6 的窗口标题栏上整合了网页制作中最常用的命令，如建站、设置不同的视图显示方式等，如图 4-3 所示。

Dw 经典

图 4-3 应用程序工具栏

(2) 更改工作区布局下拉菜单。如图 4-4 所示，工作区布局分为经典、编码器、编码人员(高级)、设计器、双重屏幕、流体布局、移动应用程序等。

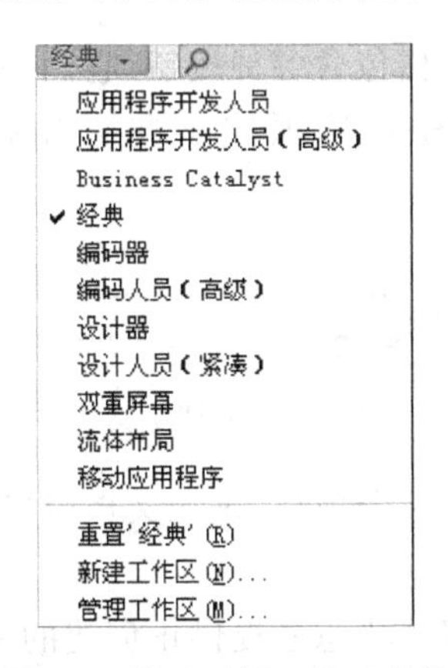

图 4-4 设置不同工作区布局

(3) 菜单栏。Dreamweaver CS6 的菜单共有 10 个，如图 4-5 所示，即文件、编辑、查看、插入、修改、格式、命令、站点、窗口和帮助。

文件(F) 编辑(E) 查看(V) 插入(I) 修改(M) 格式(O) 命令(C) 站点(S) 窗口(W) 帮助(H)

图 4-5 菜单栏

文件：用来管理文件，如新建、打开、保存、另存为、导入、输出打印等。

编辑：用来编辑文本，如剪切、复制、粘贴、查找、替换和参数设置等。

查看：用来切换视图模式以及显示/隐藏标尺、网格线等辅助视图。

插入：用来插入各种元素，如图片、多媒体组件、表格、框架及超链接等。

修改：具有对页面元素修改的功能，如在表格中插入表格、拆分/合并单元格、对齐对象等。

格式：用来对文本段落操作，如设置文本格式等。

命令：所有的附加命令项。

站点：用来创建和管理站点。

窗口：用来显示/隐藏控制面板以及切换文档窗口。

帮助：提供联机帮助。按 F1 键，就会打开电子帮助文本。

提示：编辑菜单提供了对 Dreamweaver 菜单中“首选参数”的访问。如显示起始页，开启代码提示等。

(4) 插入面板。插入面板集成了所有可以在网页应用的对象，包括“插入”菜单中的选项。插入面板其实就是图像化了的插入指令，通过一个个的按钮，可以很容易地加入图像、声音、多媒体动画、表格、图层、框架、表单、Flash 和 ActiveX 等网页元素，如图 4-6 所示。

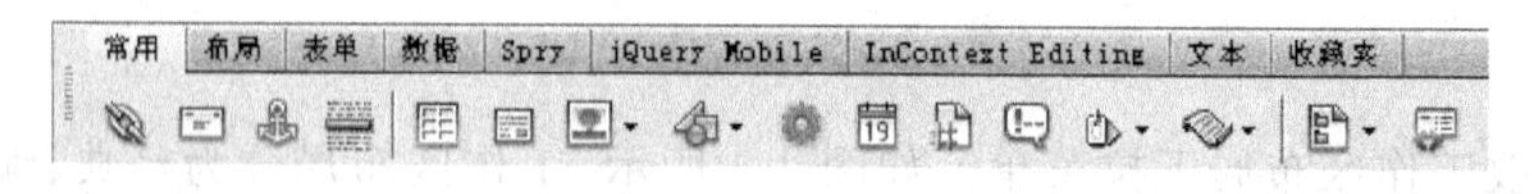

图 4-6　插入面板

(5) 文档工具栏。文档工具栏包含各种按钮，它们提供各种文档窗口视图(如设计视图和代码视图)的选项、各种查看选项和一些常用操作(如在浏览器中预览)，如图 4-7 所示。

图 4-7　文档工具栏

(6) 文档窗口。打开或创建一个项目，进入文档窗口，可以在文档区域中进行输入文字、插入表格和编辑图片等操作。

(7) 状态栏。文档窗口底部的状态栏提供正创建的文档有关的其他信息。标签选择器显示环绕当前选定内容标签的层次结构。单击该层次结构中的任何标签可以选择该标签及其全部内容。例如，单击＜body＞可以选择文档的整个正文，如图 4-8 所示。

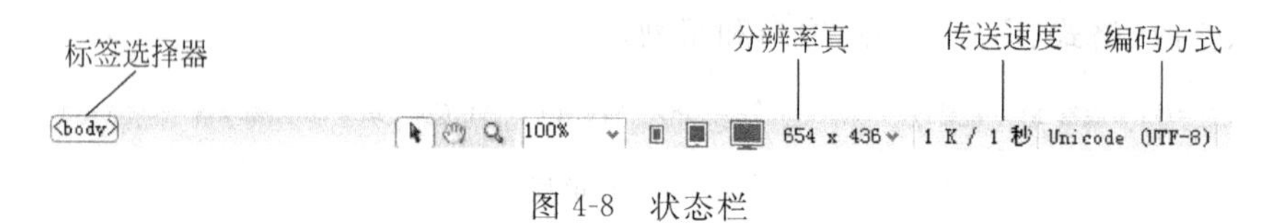

图 4-8　状态栏

(8) 属性面板。属性面板并不是将所有的属性加载在面板上，而是根据用户选择的对象来动态显示对象的属性。属性面板的状态完全是随当前在文档中选择的对象来确定的。例如，当前选择了一幅图像，那么属性面板上就出现该图像的相关属性；如果选择了表格，那么属性面板会相应地显示成表格的相关属性，如图 4-9 所示。

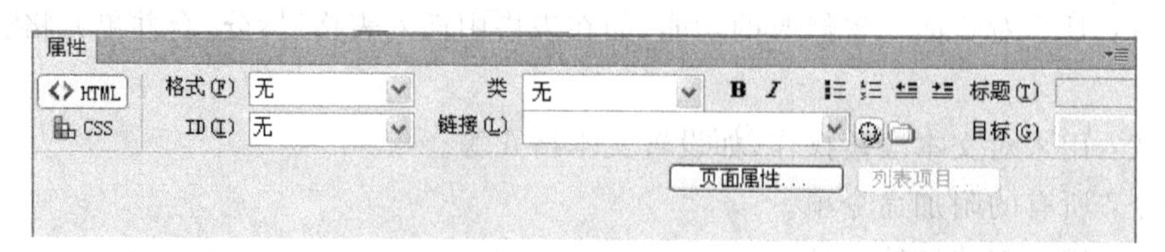

图 4-9　属性面板

(9) 浮动面板组。其他面板可以统称为浮动面板，这些面板都浮动于编辑窗口之外。这些面板根据功能被分成了若干组。在窗口菜单中，选择不同的命令可以打开不同的面板组。

4.2.2 什么是 XHTML

(1) XHTML 指可扩展超文本置标语言(eXtensible HyperText Mark-up Language)。

(2) XHTML 的目标是取代 HTML。

(3) XHTML 与 HTML 4.01 几乎是相同的。

(4) XHTML 是更严格、更纯净的 HTML 版本。

(5) XHTML 是作为一种 XML 应用被重新定义的 HTML。

(6) XHTML 是一个 W3C 标准。

今天的市场中存在着不同的浏览器,一些浏览器运行在计算机中,一些浏览器则运行在移动电话和手持设备上。而后者没有能力和手段来解释复杂的置标语言。XHTML 可以被所有的支持 XML 的设备读取,同时在其余的浏览器升级至支持 XML 之前,XHTML 使用户有能力编写出拥有良好结构的文档,这些文档可以很好地工作于所有的浏览器,并且可以向后兼容。

4.2.3 XHTML 文件结构

XHTML 文件结构如下所示,由 3 部分组成:声明(DOCTYPE)、文档头部(head)和文档主体(body)。

```
<!DOCTYPE html PUBLIC "-//W3C//DTD XHTML 1.0 Transitional//EN"
"http://www.w3.org/TR/xhtml1/DTD/xhtml1-transitional.dtd">
<html xmlns="http://www.w3.org/1999/xhtml">
<head>
<meta http-equiv="Content-Type" content="text/html; charset=utf-8" />
<title>无标题文档</title>
</head>
<body>
...
</body>
</html>
```

(1) 声明:主要对文档所遵循的标准进行说明,具体详见 4.2.4 小节。

(2) 文档头部:<head>...</head>标签之间的部分。这部分内容主要用来定义文档的相关信息,如文档标题、说明信息、样式定义、脚本代码等。书写在头部的信息是不会显示在页面中。具体详见 4.2.6 小节。

(3) 文档主体:标签<body>...</body>之间的部分。这部分内容就是要展示给用户的部分。它可以包含文本、图片、音频、视频等各种内容。

注意:文档头部和文档主体全部由<html>和</html>标签围住。<html>标签告诉浏览器网页文件的开始和结束。

4.2.4 DTD 文件

在 XHTML 结构的声明部分，<! DOCTYPE >定义了文档使用的 DTD 版本、类型、下载位置等。如图 4-9 中定义了文档使用的语言版本是 XHTML 1.0。文档类型是 Transitional。DTD 下载地址是 http://www. w3. org/TR/xhtml1/DTD/xhtml1-Transitional. dtd。

XHTML 1.0 提供了 3 种 DTD 类型可供选择。

(1) Transitional：过渡类型，允许继续使用 HTML 4.01 中已作废的标签和属性，但要符合 XHTML 的写法。

```
<!doctype html public "-//W3C//DTD XHTML 1.0 Transitional//EN"
"http://www.w3.org/TR/xhtml1/DTD/xhtml1-transitional.dtd">
```

(2) Strict：严格类型，用户必须严格遵守 XHTML 规范，不再支持已作废的标签和属性。

```
<!doctype html public "-//W3C//DTD XHTML 1.0 Strict//EN"
"http://www.w3.org/TR/xhtml1/DTD/xhtml1-strict.dtd">
```

(3) Frameset：框架集类型，如果页面中包含有框架，需要采用这种 DTD。

```
<!doctype html public "-//W3C//DTD XHTML 1.0 Frameset//EN"
"http://www.w3.org/TR/xhtml1/DTD/xhtml1-frameset.dtd">
```

提示：初学者可以使用 Transitional 型的文档，它的限制较少，但推荐使用 Strict 型的文档，这有助于养成良好的习惯，为制作规范的网页打好基础。

4.2.5 XHTML 编码规则

1. 标签

标签是 HTML 的基本元素，它用来控制内容的格式、功能、效果等。标签有单标签和双标签两种格式。

(1) 单标签：<x />

单标签没有结束标签，但必须用"/"把它关闭。如
、<img />等标签是这种形式的标签。

(2) 双标签：<x>…</x>

双标签写法包含起始标签和结束标签，其控制的内容写在中间。如<html>…</html>、<head>…</head>、<body>…</body>等都是这种形式的标签。

2. 属性

在标签中可定义若干属性，它们指定了该标签的参数值。例如，<img src="dingdang.png" width="60" height="35" />中，img是标签名，src、width、height是属性名，“=”后面是属性值。

属性书写在标签中，可以有多个，各属性间用空格隔开。

3. 编码规范

(1) XHTML标签必须关闭。

(2) 标签名和属性名必须用小写。

(3) 属性值必须加引号，各属性值的引号不能省略。如果属性值内部需要引号，可以改为单引号进行分界(注：也可以外面用单引号，内部用双引号)。例如：

```
<img src="dingdang.png" width="60" onclick="setImg('t.gif')" />
```

4. 标签可以嵌套，但必须正确嵌套

例如，<b><i>…</i></b>是正确的嵌套；<b><i>…</b></i>是错误的。

说明：出于兼容性考虑，如果没有遵循以上规范，在有些浏览器中也能得到正常的显示效果，但在未来的浏览器中可能不会正常显示。建议要养成良好的书写习惯。

5. 注释

在XHTML文档中可以添加注释文本，浏览器在显示网页时，不会显示注释的文本。注释文本的定义格式如下：

```
<!--注释文本-->
```

即注释内容应该书写在“<!--”和“-->”之间，其中注释内容可以写多行。

4.2.6 头部标签head

<head>标签用于定义文档的头部，它是所有头部元素的容器。head中可包含meta、title、link、style、script等常用标签。

1. 标题标签title

标题标签title是双标签，用于说明最常用的head信息。它不显示在HTML网页正文里，显示在浏览器窗口的标题栏里，如图4-10所示。

图 4-10 title 标题效果

示例代码如下：

```
<head><title>叮当网上书店</title></head>
```

2. 链接标签 link

链接标签 link 是单标签，一般用于网页链接外部样式表文件。属性值含义如下。

(1) href：指定需要加载的资源(CSS 文件)的地址 URL。

(2) media：媒体类型。

(3) rel：指定链接类型。

(4) rev：指定链接类型。

(5) title：指定元素名称。

(6) type：包含内容的类型，一般使用 type="text/css"。

示例代码如下：

```
<head><link rel="stylesheet" href="index.css" type="text/css"/></head>
```

3. 样式 style

样式标签 style 是双标签，用于设置网页的内部样式表。

示例代码如下：

```
<head>
<style>
    body {background-color:white; color:black;}
    p {font: 12px arial bold;}
</style>
</head>
```

4. 网页信息标签 meta

meta 标签是单标签，可提供有关页面的元信息(meta-information)，比如针对搜索引擎和更新频度的描述和关键词。

(1) 用来标记搜索引擎在搜索你的页面时所取出的关键词，例如：

```
<meta name="keywords" content="叮当网,图书,电子商务" />
```

(2) 用来标记文档的作者,例如:

```
<meta name="author" content="张三" />
```

(3) 用来标记页面的解码方式,例如:

```
<meta http-equiv="Content-Type" content="text/html; charset=utf-8" />
```

其中,http-equiv="Content-Type" content="text/html"告诉浏览器准备接收一个HTML文档。UTF-8是国际通用标准编码(包括世界所有的语言),而GB2312是简体中文编码(只包括简体中文)。为防止网页浏览出现乱码的问题,行业内网页设计时一般都采用UTF-8格式。Dreamweaver CS6在默认情况下,新建的网页都是以UTF-8进行编码的,如果采用低版本的Dreamweaver时,一定要先在“首选参数”对话框的“新建文档”选项中修改编码格式为UTF-8。因为在Web 2.0标准时代,页面的编码都采用国际统一标准编码格式——UTF-8。

(4) 用来自动刷新网页,是可选项,例如:

```
<meta http-equiv="refresh" content="3;URL=http://www.sina.com.cn" />
```

以上代码表示3秒钟后自动刷新为新浪网站。

5. 脚本标签script

脚本标签是双标签,用于定义客户端脚本,如JavaScript。该标签有以下两个属性。

(1) src:指定需要加载的脚本文件(如JavaScript文件)的地址URL。

(2) type:指定媒体类型(如type="text/javascript")。

示例代码如下:

```
<head>
    <script type="text/javascript" src="dreamdu.js"></script>
</head>
```

4.3 任务实现

4.3.1 “叮当网上书店”项目建站

1. 设立文件夹

(1) 在D盘新建文件夹,以网站名命名(注意,名称只能是英文字母),例如本例命名为dingdang。

（2）在 dingdang 站点文件夹内再新建 4 个子文件夹，分别命名为 images(用于存放网页上的所有图片)、flash（用于存放 SWF 格式的动画文件）、css(用于存放 CSS 样式文件)、js(用于存放 JavaScript 文件)。结构如图 4-11 所示。

2. 打开 Dreamweaver CS6 建立站点

（1）打开 Dreamweaver CS6，选择"站点"|"新建站点"选项，如图 4-12 所示。

dingdang
css
flash
images
js

图 4-11　创建站点文件夹结构

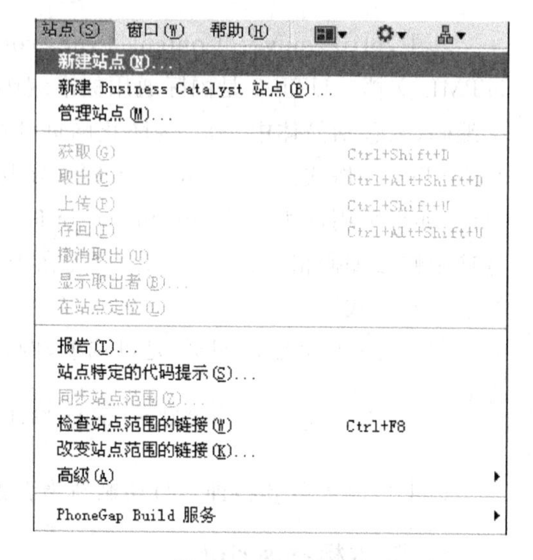

图 4-12　新建站点

（2）进入"新建站点"对话框，在左边选择"站点"标签，在右边输入站点名称 dingdang，在"本地站点文件夹"选项中选择站点路径，如图 4-13 所示。

（3）单击"保存"按钮，这时候站点已经建好了，在右边会出现如图 4-14 所示的目录。

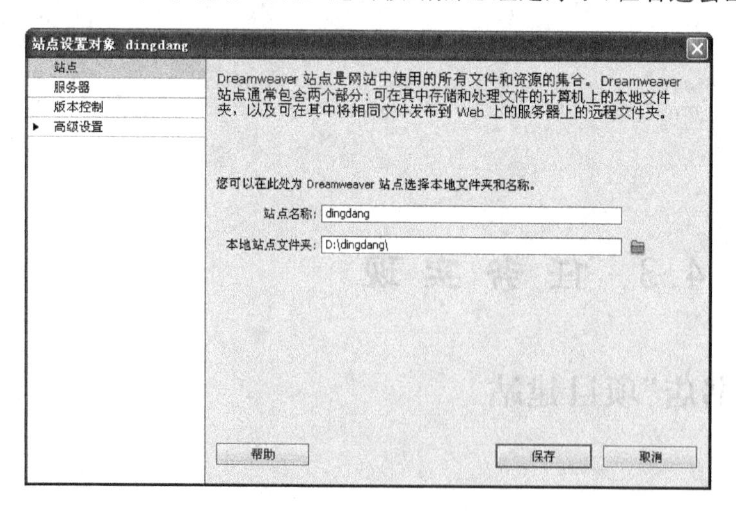

图 4-13　设置"新建站点"对话框

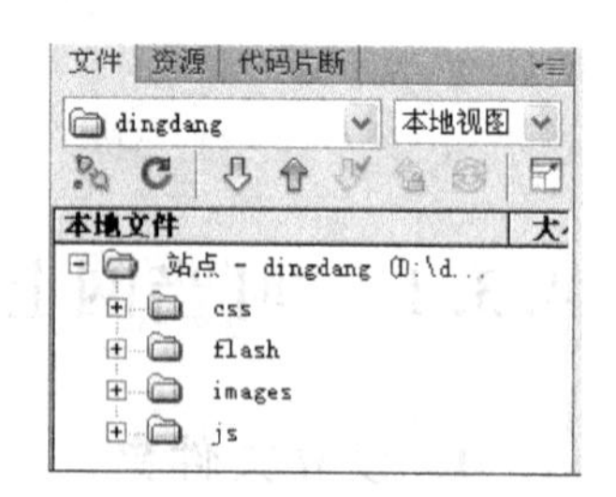

图 4-14　站点目录结构

4.3.2 “叮当网上书店”新建首页

(1) 在图 4-15 空白处右击，选择“新建文件”选项，如图 4-16 所示，输入首页名 index. html (首页一般命名为 index. html)，如图 4-16 所示，按 Enter 键确定。

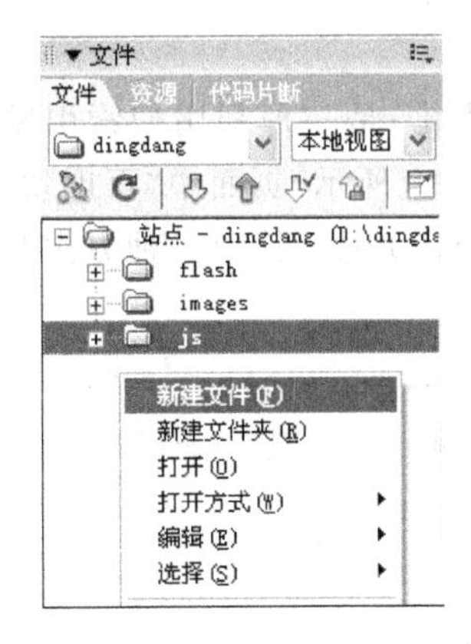

图 4-15 新建文件

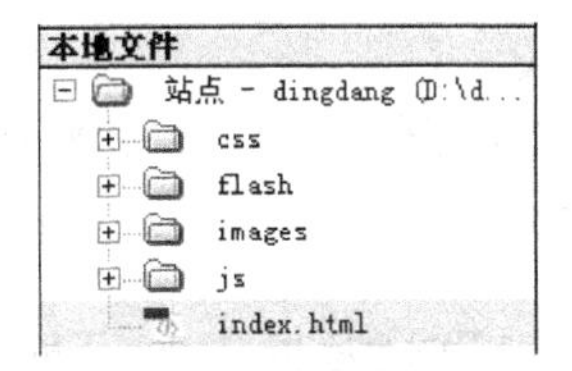

图 4-16 创建首页 index. html

(2) 双击文件名称 index. html，在左边文档区域就呈现出首页(index. html)的代码视图，如图 4-17 所示，编辑视图分为代码视图、拆分视图、设计视图、实时视图 4 种。

相关链接

代码视图的作用是只显示网页代码，设计视图的作用是只显示页面效果，拆分视图的作用是同时显示网页代码和页面效果，实时视图的作用是显示页面在浏览器中看到的效果。

提示： 网站是所有相关资源的统称。网页是指网站里的页面。主页是指网站的首页，一般命名为 index. html 或 default. html。

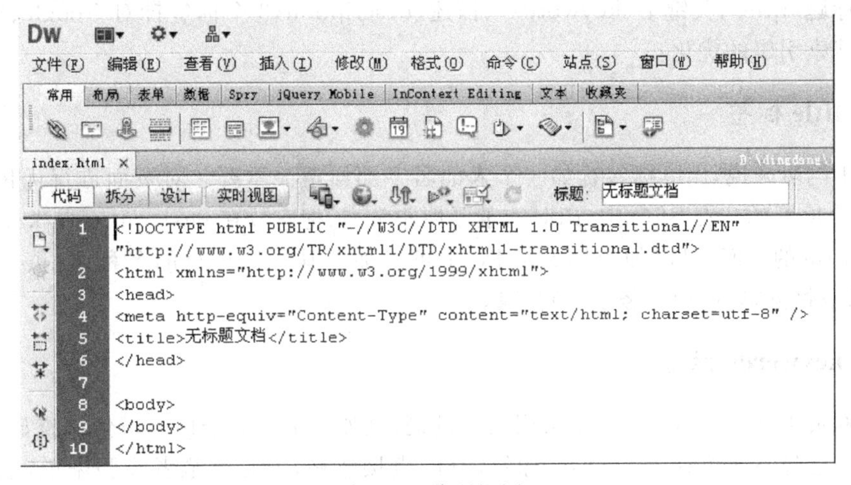

图 4-17 代码视图

4.4 任务拓展

4.4.1 SEO——让你的网站排名靠前

SEO(Search Engine Optimization,搜索引擎优化)是一种利用搜索引擎的搜索规则来提高网站在有关搜索引擎内排名的方式。如图 4-18 所示,页面中"百度快照"即为通过 SEO 手段优先排在网页的前几名。那么如何实现 SEO 呢?其中一种方法是借助于网站的 Head 区的设置进行。

图 4-18 百度搜索结果页面

4.4.2 head 三标签 SEO

由于搜索引擎首先抓取的是网站头部,接着才是网站的正文部分,所以我们可以直接在 head 标签中进行相应的优化设置,达到排名优先的效果。所谓 head 三标签 SEO,指的是网页标题(title)、关键字(keywords)、描述(description)3 个标签针对 Google、Baidu 两大主流搜索引擎的优化。

1. title 标签

对于网页来说,title 标签犹如一个人的名字那样至关重要。对页面进行优化时首先就是从 title 开始。在 SEO 中,title 的重要性非常高,把它放在 description 与 keyword 之前。在 title 的后面,可以加上网站名称,也可以加上其所属栏目的名称,以英文逗号分隔,或以空格分隔,或用单竖线(|)分隔。

2. keywords 标签

在网页中,keywords 标签用来列出关键词,犹如一个人的个性。虽然调查显示,很多搜索引擎已经不太重视 keywords 标签,有的直接忽略,但是就笔者经验来说,也未必完全这样。

很多网页设计者喜欢在 keywords 上做手脚,关键词堆了一大堆以期提高搜索命中率。Google 大概是“睁一只眼,闭一只眼”,不过也可能是它真的已不重视 keywords;而 Baidu 并不这样,它会直接予以“惩罚”。因此,在网站首页、栏目等处,keywords 可有可无;在内容页中可以适当写几个,控制在 8 个以内,用英文逗号隔开;另外就是切忌重复用词。

3. description 标签

description 是对一个网页的简要描述,犹如一个人的简历。description 应当言简意赅,控制在 150 个字符左右。因为过多的话,抓取列表页会忽略掉。

对于 description,谷歌和百度都较为重视。有一个小窍门,就是在 description 中融合想在 keywords 中放置的关键词,但也不宜过度堆砌。另外,描述不能和网页实际内容明显不符。

图 4-19 为叮当网优化设置。大家也可以自己写一些有利于推广的内容。

```
<!DOCTYPE html PUBLIC "-//W3C//DTD XHTML 1.0 Transitional//EN"
"http://www.w3.org/TR/xhtml1/DTD/xhtml1-transitional.dtd">
<html xmlns="http://www.w3.org/1999/xhtml">
<head>
<meta http-equiv="Content-Type" content="text/html; charset=utf-8" />
<title>叮当网上书店，图书，网上购物，正品低价，货到付款</title>
<meta name="description" content="国内领先的网上书店，超过100万种商品在线热销！各种专业书
籍，正品行货，低至1折。" />
<meta name="keywords" content="叮当网，叮当，网上购物，专业图书,网上商城，网上买书，在线购物" />
</head>
<body>
</body>
</html>
```

图 4-19 叮当网优化设置

4.5 任务小结

通过本任务的学习和实践,Bill 已经了解和掌握了网站制作软件 Dreamweaver CS6 的基本使用方法,明白了用 XHTML 语言进行网页结构代码编写的基本方法;并完成了叮当网的建站和首页的设置与命名,对 SEO 中网页头部的优化规则有了一定的了解。

4.6 能力评估

1. 什么是 XHTML 语言?简述 XHTML 语言结构。
2. 简述 XHTML 编码规范。
3. 简述建站的步骤。
4. 简述网站、网页、主页的区别与命名规则。
5. 简述对 SEO 优化的理解。

任务5 “叮当网上书店”页面框架结构

通过任务 4 的实施，Bill 了解了 XHTML 语言，完成了“叮当网上书店”项目站点的建设和首页的建立。接下来 Bill 要按照设计稿自上至下分步实现首页和购物车页的页面框架结构，通过 XHTML 语言结构的学习和技能的实践，确保“叮当网上书店”项目的按期完成。

学习目标

(1) 理解掌握 div 标签的概念和使用 DIV 布局的方法。

(2) 理解掌握 span 标签的概念和使用方法。

5.1 任务描述

“叮当网上书店”的首页和购物车页都是一列固定宽度居中的版式，效果如图 5-1 和图 5-2 所示。

图 5-1 首页效果图

图 5-2 购物车页效果图

从效果图可以看出，两个页面内容不尽相同，但都是上、中、下结构——头部、主体和底部。根据网站风格统一的原则，其他页面 Logo、导航菜单模块、快速分类检索模块、广告展示模块等布局保持与首页相同，也就是头部和底部的框架结构在网站中是不变的。

本任务主要通过网页框架结构 div 标签代码的学习和制作，实现“叮当网上书店”首页和购物车页的页面框架结构。

5.2 相关知识

完成了项目建站和新建网页任务后，本任务引入 div 标签和 span 标签，在代码视图中(如图 5-3 所示的箭头处)输入 XHTML 代码，完成“叮当网上书店”首页和购物车页面框架结构。

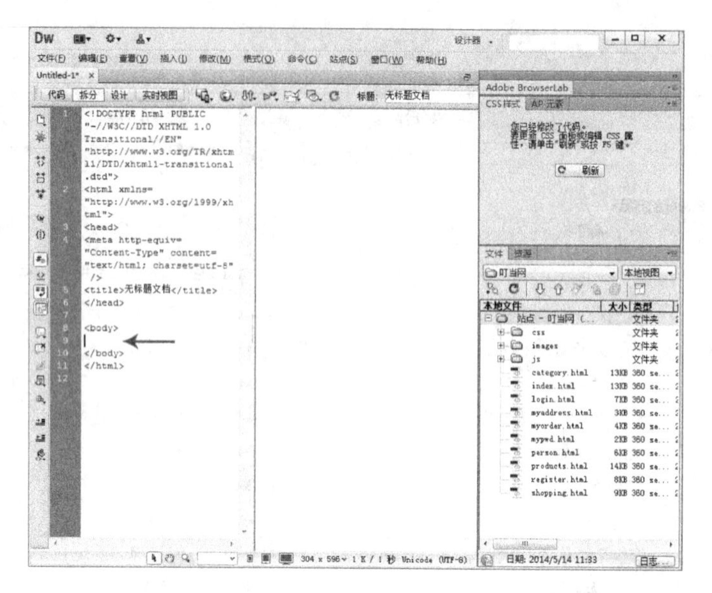

图 5-3　Dreamweaver 代码和设计的拆分视图

5.2.1　div 标签

在 Web 2.0 时代，网页设计师们都采用流行的 div 标签来进行网页的布局设计，并配以 CSS 样式来实现网页的最终效果。DIV 是用来为 HTML 文档内大块(Block-level)的内容提供结构和背景的元素，简单地说是一个区块容器，即<div>与</div>之间相当于一个容器，可以容纳段落、标题、表格、图片，乃至章节、摘要和备注等各种 XHTML 元素。区块容器有两大特点：①区块元素必须独占一行，不允许本行的后面再有其他内容；②区块容器默认情况下的宽度跟它父级标签的宽度相同。因此，可以把<div>与</div>中的内容视为一个独立的对象，用于 CSS 的控制。在 div 标签中加上 class 或 id 属性可以应用额外的样式。

不必为每一个 div 标签都加上 class 或 id 标签，虽然这样做也有一定的好处。可以在同一个 div 标签同时应用 class 和 id 属性，但是更常见的情况是只应用其中一种。这两者的主要差异是，class 用于元素组(类似的元素，或者可以理解为某一类元素)，而 id 用于标识单独的唯一的元素。

div 标签可选属性如表 5-1 所示。

表 5-1　div 标签可选属性表

属　性	描　　述	可　用　值
align	规定 div 元素中的内容的对齐方式，不赞成使用。应使用样式取而代之	left right center justify

5.2.2 span 标签

span 标签与 div 标签一样，作为容器标签而被广泛应用在 XHTML 语言中。span 标签用来组合文档中的行内元素。行内元素也有两大特点，刚好跟区块容器的特点相反：①行内元素不需要独占一行，本行后面还允许有其他的内容；②行内元素的宽度在默认情况下跟它内部的内容的宽度相同。在<span>和</span>中间同样可以容纳各种 XHTML 元素。

由以上两者的特点不难发现 Span 与 DIV 的区别：DIV 是一个块级(Block-level)容器，它包围的元素会自动换行。而 Span 仅是一个行内容器(Inline Elements)，在它的前后不会换行。Span 没有固定的格式表现。当对它应用样式时，它才会产生视觉上的变化。此外，span 标签可以作为子元素包含于 div 标签之中，但反之不成立，即 span 标签中不可包含 div 标签。

5.3 任务实施

“叮当网上书店”首页和购物车页面 XHTML 框架结构根据任务 2 的版面设计稿和最终效果图来看，有相同之处，都是一列固定宽度居中的版式，分为头部、主体和底部 3 个部分，但是主体部分分别有不同的表现，如图 5-4 和图 5-5 所示。

图 5-4 叮当网首页基本结构

图 5-5 “叮当网上书店”购物车基本结构

5.3.1 “叮当网上书店”首页 XHTML 框架结构

我们现在要做的就是首先将首页页面分块，用 DIV 作为容器存放每一块的内容。根据任务 2 的版面设计稿和任务 3 的效果图以及图 5-4，整体分为头部、主体部分、底部 3 块。

考虑到以后的 CSS 排版要求，直接用 CSS 的 id 或 class 来表示各个块，如首页整体定义为 container，id 为 #container，在定义为 #container 的 DIV 容器中需要嵌套 3 块内容，所以将头部定义为 header，id 则为 #header，将这个 DIV 容器（头部模块）作为 #container 容器中的最上方一个容器进行第一层嵌套，以此类推。嵌套关系如图 5-6 所示。

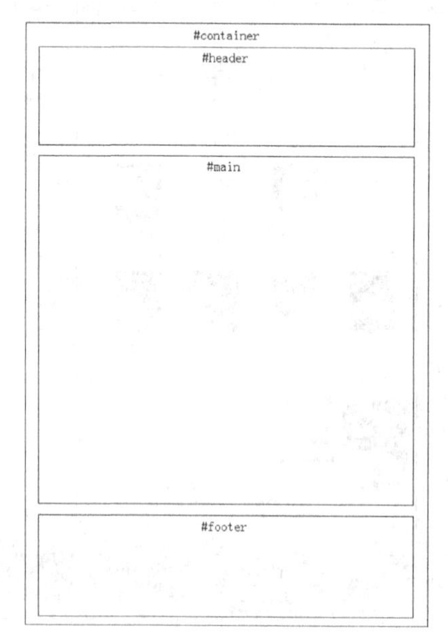

图 5-6 首页页面内容框架（第一层）

根据图5-6，首页是4个DIV容器的嵌套结构。

XHTML代码如下：

```
<!DOCTYPE html PUBLIC "-//W3C//DTD XHTML 1.0 Transitional//EN" "http://www.
w3.org/TR/xhtml1/DTD/xhtml1-transitional.dtd">
<html xmlns="http://www.w3.org/1999/xhtml">
<head>
<meta http-equiv="Content-Type" content="text/html; charset=utf-8" />
<title>叮当网上书店</title>
<meta name="keywords" content="叮当网,图书,电子商务" />
<meta name="author" content="作者" />
<link href="css/style.css" rel="stylesheet" type="text/css" />
</head>

<body>
    <!--container 一列开始-->
    <div id="container">
        <!--header 头部开始-->
        <div id="header">
            ...
        </div>
        <!--header 头部结束-->

        <!--main 主体开始-->
        <div id="main">
            ...
        </div>
        <!--main 主体结束-->

        <!--footer 底部开始-->
        <div id="footer">
            ...
        </div>
        <!--footer 底部结束-->
    </div>
    <!--container 一列结束-->
</body>
</html>
```

根据图5-7所示，在首页的头部、主体部分和底部中需要继续嵌套其他功能模块，来放置页面内容，如导航和分类模块放在头部，广告位展示放在底部，其他放在主体。综上所述，要对整个页面进行第二层嵌套，也就是定义为#container的DIV容器中已经嵌套了#header的DIV容器，在#header的DIV容器中再嵌套定义为.navlink的DIV容器(Logo及导航菜单模块)，以此类推。嵌套关系如图5-8所示。

根据图5-8，首页是再将7个DIV容器进行嵌套的结构。

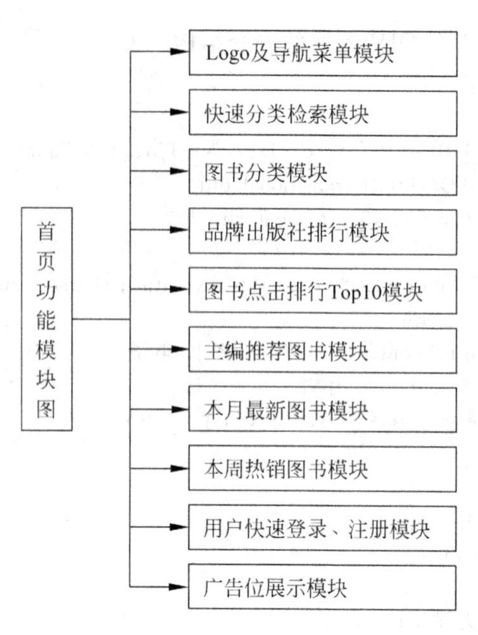

图 5-7　首页功能模块图

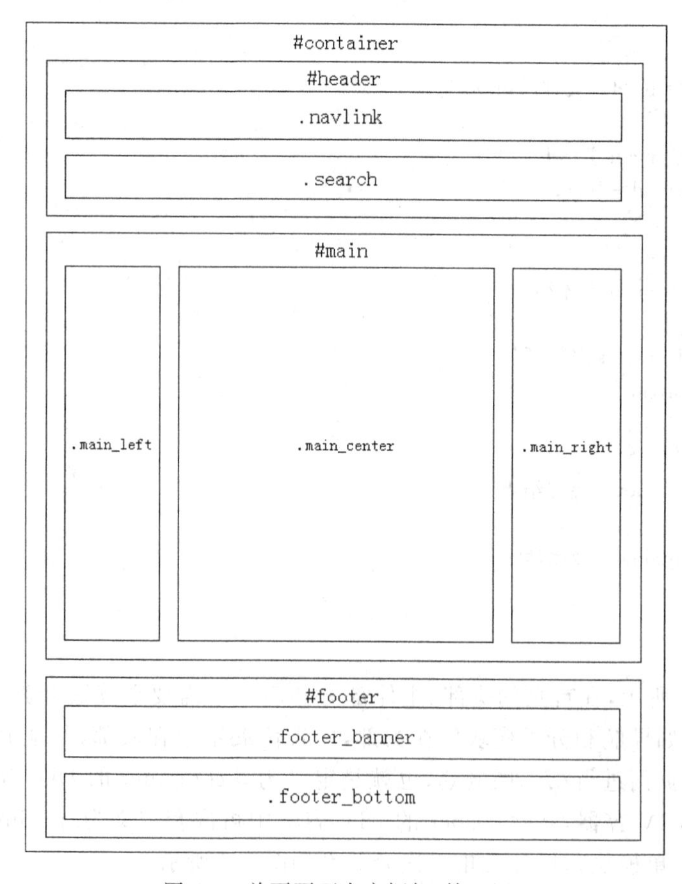

图 5-8　首页页面内容框架(第二层)

XHTML 代码如下：

```
<!DOCTYPE html PUBLIC "-//W3C//DTD XHTML 1.0 Transitional//EN" "http://www.w3.org/TR/xhtml1/DTD/xhtml1-transitional.dtd">
<html xmlns="http://www.w3.org/1999/xhtml">
<head>
<meta http-equiv="Content-Type" content="text/html; charset=utf-8" />
<title>叮当网上书店</title>
<meta name="keywords" content="叮当网,图书,电子商务" />
<meta name="author" content="作者" />
<link href="css/style.css" rel="stylesheet" type="text/css" />
</head>

<body>
    <!--container 一列开始-->
    <div id="container">
        <!--header 头部开始-->
        <div id="header">
            <div class="navlink">
              ...
            </div>
            <div class="search">
              ...
            </div>
        </div>
        <!--header 头部结束-->

        <!--main 主体开始-->
        <div id="main">
            <div class="main_left">
              ...
            </div>
            <div class="main_right">
              ...
            </div>
            <div class="main_center">
              ...
            </div>
        </div>
        <!--main 主体结束-->

        <!--footer 底部开始-->
        <div id="footer">
```

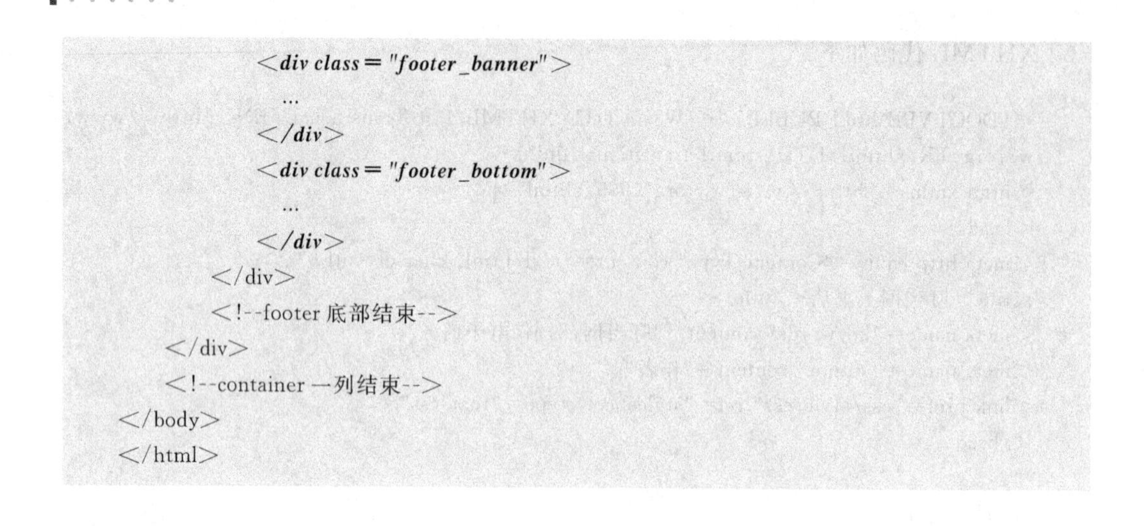

```
                <div class = "footer_banner">
                    ...
                </div>
                <div class = "footer_bottom">
                    ...
                </div>
            </div>
            <!--footer 底部结束-->
        </div>
        <!--container 一列结束-->
</body>
</html>
```

5.3.2 “叮当网上书店”购物车页 XHTML 框架结构

购物车页也是上中下结构——头部、主体和底部。根据网站风格统一的原则，页面 Logo、导航菜单模块、快速分类检索模块、广告展示模块等保持布局与首页相同，也就是头部和底部的框架结构在网站中是不变的。嵌套关系同图 5-6，页面代码不再赘述。

购物车页面的主体部分如图 5-9 所示，自上至下分为 4 块，分别是标题导航、表头、表格和页码、圆角表格底部。

图 5-9 购物车页面主体部分结构

框架结构如图 5-10 所示。

购物车页面定义为＃main 的 DIV 容器中预留了 3 个 DIV 结构容器，自上至下分别用作存放标题导航、表头、表格和页码、圆角表格底部的内容。

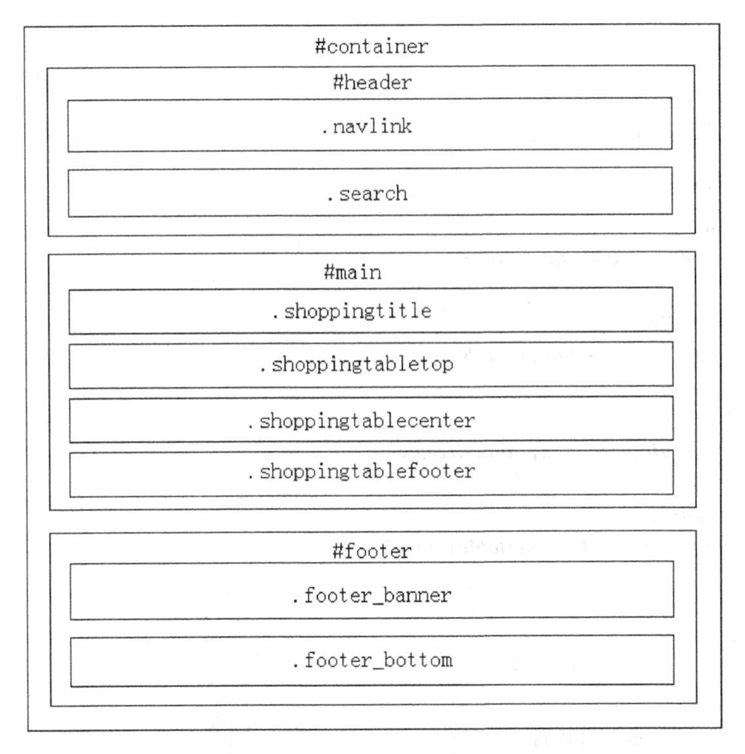

图 5-10 购物车页面内容 DIV 框架

XHTML 代码如下：

```
<!DOCTYPE html PUBLIC "-//W3C//DTD XHTML 1.0 Transitional//EN" "http://www.w3.org/TR/xhtml1/DTD/xhtml1-transitional.dtd">
<html xmlns="http://www.w3.org/1999/xhtml">
<head>
<meta http-equiv="Content-Type" content="text/html; charset=utf-8" />
<title>叮当网上书店</title>
<meta name="keywords" content="叮当网,图书,电子商务" />
<meta name="author" content="作者" />
<link href="css/style.css" rel="stylesheet" type="text/css" />
</head>

<body>
    <!--container 一列开始-->
    <div id="container">
        <!--header 头部开始-->
        <div id="header">
          <div class="navlink">
          ...
          </div>
          <div class="search">
```

```
            ...
          </div>
        </div>
        <!--header 头部结束-->

        <!--main 主体开始-->
        <div id=" main">
          <div class="shoppingtitle">
            ...
          </div>
         <div align="shoppingtabletop">
            ...
         </div>
         <div align="shoppingtablecenter">
            ...
         </div>
        <div align="shoppingtablefooter">
            ...
        </div>
        </div>
        <!--main 主体结束-->

        <!--footer 底部开始-->
        <div id="footer">
             <div class="footer_banner">
               ...
             </div>
             <div class="footer_bottom">
               ...
             </div>
        </div>
        <!--footer 底部结束-->
    </div>
    <!--container 一列结束-->
</body>
</html>
```

5.4 任务拓展

5.4.1 “叮当网上书店”登录页 XHTML 框架结构

“叮当网上书店”登录页的框架结构如图 5-11～图 5-15 所示。

头部
主体
底部
当当网，全球领先的中文网上书店
用户登录
更多选择
更低价格
更方便、更安全
享受网购乐趣，尽在叮当网
正品有保证 服务一站式

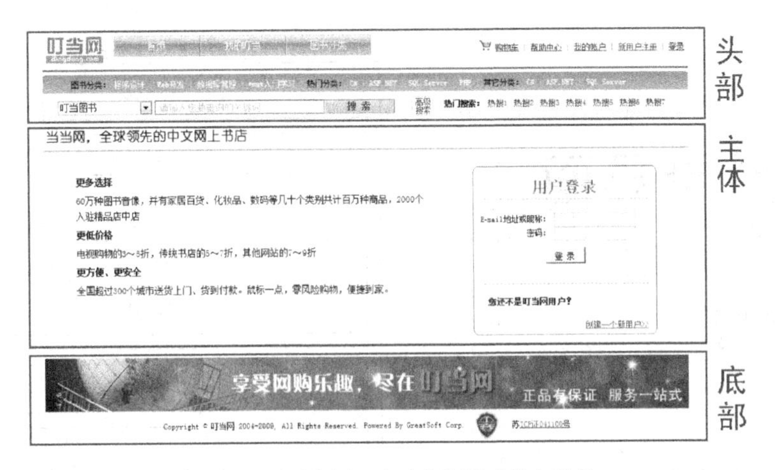

图 5-11 “叮当网上书店”登录页基本结构

当当网，全球领先的中文网上书店
位置导航
主体
广告语
登录界面
用户登录

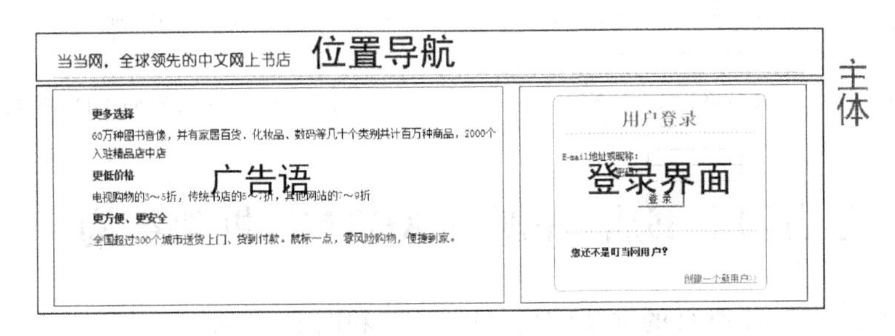

图 5-12 登录页主体结构

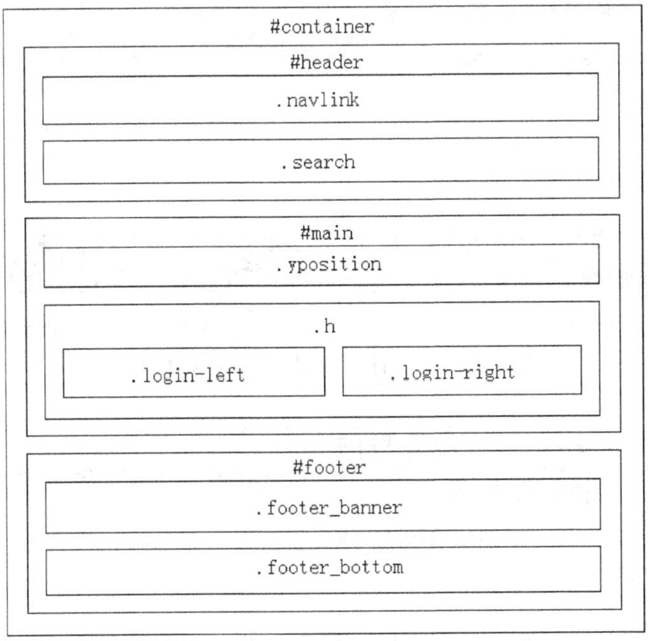

#container
#header
.navlink
.search
#main
.yposition
.h
.login-left
.login-right
#footer
.footer_banner
.footer_bottom

图 5-13 登录页内容 DIV 框架

图 5-14　登录界面结构

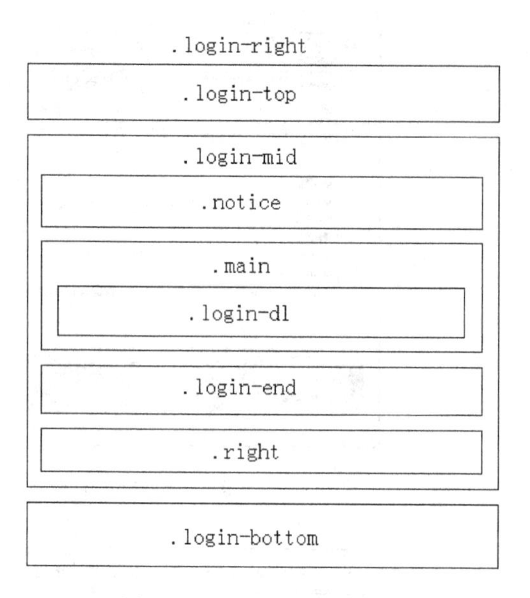

图 5-15　登录界面 DIV 框架

5.4.2　“叮当网上书店”注册页 XHTML 框架结构

“叮当网上书店”注册页的框架结构如图 5-16 和图 5-17 所示。

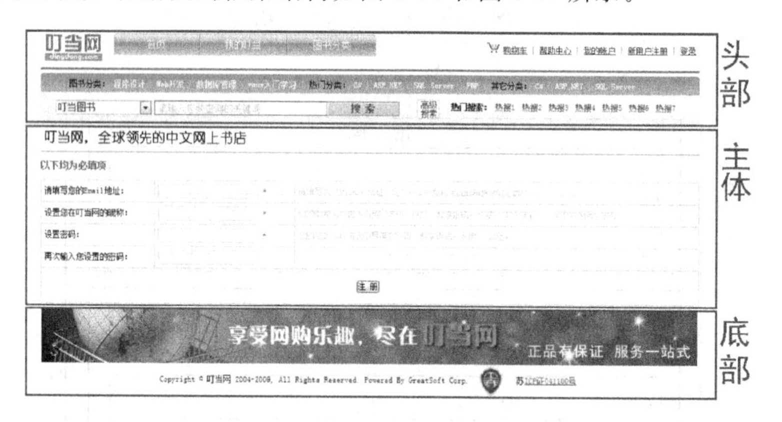

图 5-16　“叮当网上书店”注册页基本结构

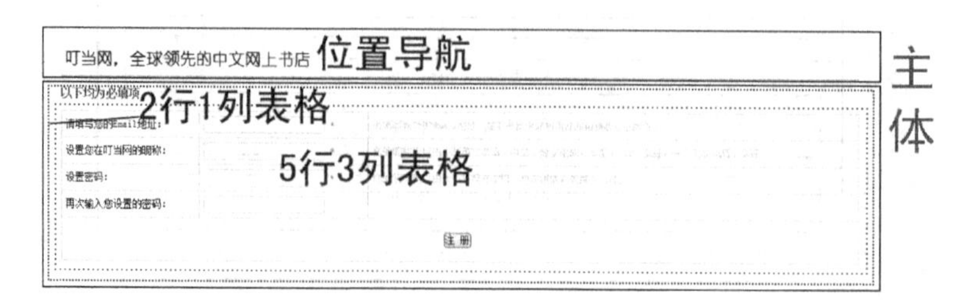

图 5-17　注册页面主体结构

5.4.3 “叮当网上书店”图书分类页 XHTML 框架结构

“叮当网上书店”图书分类页的框架结构如图 5-18 所示。

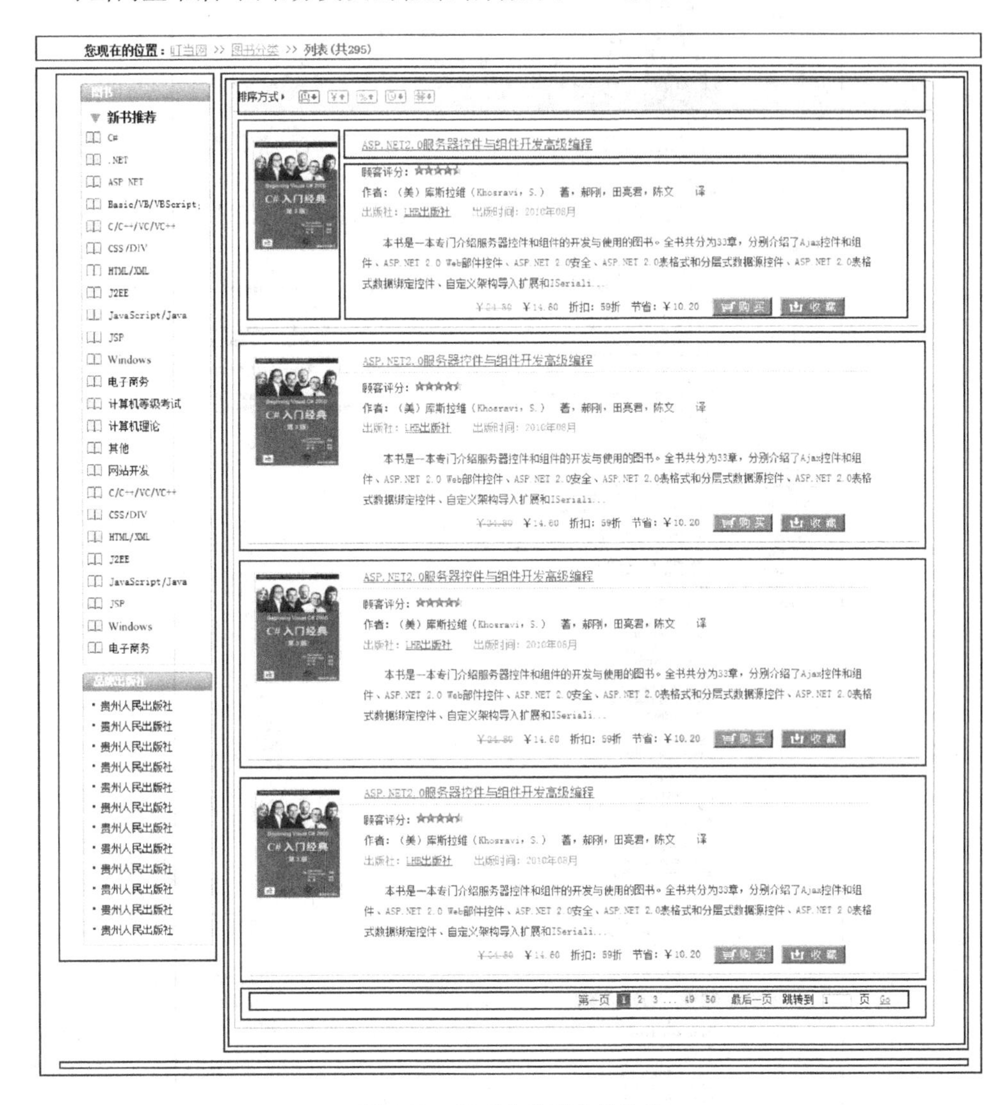

图 5-18 图书分类页主体结构

5.4.4 “叮当网上书店”图书详细页 XHTML 框架结构

“叮当网上书店”图书详细页的框架结构如图 5-19 所示。

从图 5-19 可以看出，“叮当网上书店”的图书详细页的头部 header 区、脚部 footer 区与首页的 header 区、脚部 footer 区的效果相同，main 区左侧与首页和图书分类页相同。

图 5-19 “叮当网上书店”图书详细页

main区的右侧，希望广大读者能够根据之前的其他页面结构和页面内容DIV框架进行举一反三，认真独立完成效果。

5.5 任务小结

通过本任务的学习和实践，Bill应该已经基本了解div标签和span标签的相关知识，掌握了div标签和span标签的使用方法，掌握了区块容器和行内元素的特点。掌握区块容器和行内元素的特点，可以为后续的网页设计工作打下坚实的基础。对于初学者来说，还需要经过后期的大量的练习才能达到灵活运用的程度。其中一些行业的实际使用规范跟书面理论有些冲突，需要自己学习、掌握，尽量贴近实际工作环境下的技能锻炼。

5.6 能力评估

1. DIV容器可以容纳哪些网页元素？
2. 区块容器的特点是什么？
3. 行内元素的特点是什么？
4. Span与DIV有哪些异同点？

任务6 “叮当网上书店”首页总体结构

在任务5中，Bill已经完成了“叮当网上书店”页面框架结构的设计。但这仅仅是完成了一个大框架，接下来Bill将根据最终效果完成每一个页面模块内容的搭建。要完成以上的工作，必须先学习XHTML语言中的一些常用标签，如img、ul、li、a、h*n*、p、form、input等，然后再按照“最合适”的原则来选择不同的标签进行结构布局。

学习目标

(1) 掌握常用标签及属性。

(2) 熟练掌握使用ul、li列表完成菜单及列表效果的制作。

(3) 熟练掌握根据效果图选择合适标签的能力。

6.1 任务描述

根据任务5的总体结构布局效果，“叮当网上书店”首页由上、中、下3部分组成。其中，header部分可以分上、下两个模块；main部分可以分左、中、右3个模块；footer部分可以分上、下两个模块。每个模块又可以分成若干个子模块。因此，本任务的主要工作就是对每个子模块选择最合适的标签进行页面布局。首页的结构效果如图6-1所示。

6.2 相关知识

6.2.1 插入图片——img标签

作用：向网页中插入一幅图像。

语法：

```
<img src="url" alt="alttext" />
```

img标签常用属性如表6-1所示。

图 6-1 首页的结构效果图

表 6-1 img 标签常用属性

属 性	值	描 述
alt	text	规定图像的替代文本
src	url	规定显示图像的 URL
height	pixels 或百分比	定义图像的高度
width	pixels 或百分比	设置图像的宽度

6.2.2 列表——ul、ol和li标签

列表标签是网页设计中使用最频繁的标签之一。它主要用菜单和两个或者两个以上列表效果的布局。什么时候选择列表标签？什么时候不选择列表标签？这个需要在掌握以下基本知识后，通过项目的实践和锻炼不断进行总结和掌握。

1. 无序列表

无序列表是由 ul 和 li 元素定义的，一般用于菜单的制作。无序列表的默认符号是圆点，代码结构和效果如图 6-2 和图 6-3 所示。

```
<ul>
   <li>首页</li>
   <li>我的叮当</li>
   <li>图书分类</li>
</ul>
```

图 6-2　无序列表代码结构

- 首页
- 我的叮当
- 图书分类

图 6-3　无序列表默认效果

(1) ul 标签用来创建一个标有圆点的列表。

(2) 通过定义 ul 不同的 type 属性可以改变列表的项目符号。目前，type 属性的属性值有 disc(•)、circle(○)、square(■)。

(3) li 标签在 ul 标签内部使用，用来创建一个列表项。

2. 有序列表

有序列表是由 ol 和 li 元素定义的，有序列表的默认符号是“1.，2.，3.，…”，代码结构和效果如图 6-4 和图 6-5 所示。

```
<ol>
   <li>首页</li>
   <li>我的叮当</li>
   <li>图书分类</li>
</ol>
```

图 6-4　有序列表代码结构

1. 首页
2. 我的叮当
3. 图书分类

图 6-5　有序列表默认效果

6.2.3 超链接——a 标签

作用：定义超链接。网页中的超链接可以分为文本超链接、图像超链接、E-mail 超链接和空链接等。

语法：

```
<a href="url" target=" "> ... </a>
```

a 标签常用属性如表 6-2 所示。

表 6-2 a标签常用属性

属 性	值	描 述
href	url	链接的目标 链接到某个网址,如 href="http://www.sina.com" 空链接,如 href="#" 指向 E-mail 地址的超链接,如 href="mailto:mail.sina.com"
height	pixels 或百分比	定义图像的高度
width	pixels 或百分比	设置图像的宽度
target	_blank	打开一个新的(浏览器)窗口
	_parent	在父窗口中打开
	_self	在当前窗口打开
	_top	在上一级窗口打开

6.2.4 表单类标签

1. 表单——form 标签

作用:表单是实现动态网页的一种主要的外在形式。

语法:

```
<form name="form_name" method="post" action="url" enctype="value"
      target="target_win">
   ...
</form>
```

form 标签常用属性如表 6-3 所示。

表 6-3 form 标签常用属性

属 性	描 述
name	表单的名称
method	定义表单结果从浏览器传送到服务器的方法,共有两种方法:get 和 post。get 方式是将表单控件的 name/value 信息经过编码之后,通过 URL 发送(可以在地址栏中看到)。post 方式是将表单的内容通过 http 发送,在地址栏中看不到表单的提交信息。(一般来说,如果只是为取得和显示数据,用 get;一旦涉及数据的保存和更新,建议用 post)
action	用来定义表单处理程序(ASP、CGI 等程序)的位置(相对地址或绝对地址)
enctype	设置表单资料的编码方式。 text/plain:以纯文本形式传送信息; application/x-www-form-urlencoded:默认的编码形式; multipart/form-data:使用 mine 编码

续表

属　性	描　　述
target	设置返回信息的显方式。 _blank：将返回信息显示在新打开的浏览器窗口中； _self：将返回信息显示在当前浏览器窗口中； _parent：将返回信息显示在父级浏览器窗口中； _top ：将返回信息显示在顶级浏览器窗口中

2. 常用的表单元素控件

在表单中，必须要使用各种表单元素来搜集用户的信息，完成人机之间的数据交互。常见的表单控件如表 6-4 所示。

表 6-4　表单控件常用属性描述

表 单 控 件	描　　述
input type="text"	单行文本输入框
input type="password"	密码输入框(输入的字符用 * 表示)
input type="submit"	将表单(Form)中的信息提交给表单 action 所指向的文件
input type="checkbox"	复选框
input type="radio"	单选按钮
input type="file"	文件上传框
input type="hidden"	隐藏域
select	下拉列表框
textarea	多行文本输入框

(1) 文本框

文本框是一种让访问者自己输入内容的表单对象，通常被用来填写单个字或者简短的回答，如姓名、地址等。

语法：

```
<input type="text" name="..." size="..." maxlength="..." value="..." />
```

其中，type="text"定义单行文本输入框；name 属性定义文本框的名称，要保证数据的准确采集，必须定义一个独一无二的名称；size 属性定义文本框的宽度，单位是单个字符宽度；maxlength 属性定义最多输入的字符数；value 属性定义文本框的初始值。

(2) 密码框

密码框是一种特殊的文本域，用于输入密码。当访问者输入文字时，文字会被 * 或其他符号代替，而输入的文字会被隐藏。

语法：

```
<input type="password" name="..." size="..." maxlength="..." />
```

其中，type="password"定义密码框；name 属性定义密码框的名称，要保证数据的准确采集，必须定义一个独一无二的名称；size属性定义密码框的宽度，单位是单个字符宽度；maxlength属性定义最多输入的字符数。

(3) 提交按钮

提交按钮用来将输入的信息提交到服务器。

语法：

```
<input type="submit" name="..." value="..." />
```

其中，type="submit"定义提交按钮；name属性定义提交按钮的名称；value属性定义按钮的显示文字。

(4) 复选框

复选框允许在待选项中选中一项或一项以上的选项。每个复选框都是一个独立的元素，都必须有一个唯一的名称。

语法：

```
<input type ="checkbox" name="..." value="..." />
```

其中，type="checkbox"定义复选框；name属性定义复选框的名称，要保证数据的准确采集，必须定义一个独一无二的名称；value属性定义复选框的值。

(5) 单选按钮

当需要访问者在待选项中选择唯一的选项时，就需要用到单选按钮了。

语法：

```
<input type="radio" name="..." value="..." />
```

其中，type="radio"定义单选按钮；name属性定义单选按钮的名称，要保证数据的准确采集，单选按钮都是以组为单位使用的，在同一组中的单选项都必须用同一个名称；value属性定义单选按钮的值，在同一组中，它们的值必须是不同的。

(6) 文件上传框

有时候，需要用户上传自己的文件，文件上传框看上去和其他文本框差不多，只是它还包含了一个浏览按钮。访问者可以通过输入需要上传的文件的含路径名称或者单击“浏览”按钮选择需要上传的文件。

注意：在使用文件上传框以前，要先确定你的服务器是否允许匿名上传文件。在form标签中必须设置enctype="multipart/form-data"来确保文件被正确编码；另外，表单的传送方式必须设置成post。

语法：

```
<input type="file" name="..." size="15" maxlength="100" />
```

其中，type="file"定义文件上传框；name属性定义文件上传框的名称，要保证数据的准确采集，必须定义一个独一无二的名称；size属性定义文件上传框的宽度，单位是单个字符宽度；maxlength 属性定义最多输入的字符数。

(7) 隐藏域

隐藏域是用来收集或发送不可见信息的，对于网页的访问者来说，隐藏域是看不见的。当表单被提交时，隐藏域就会将信息用户设置时定义的名称和值发送到服务器。

语法：

```
<input type="hidden" name="..." value="...">
```

其中，type="hidden"定义隐藏域；name 属性定义隐藏域的名称，要保证数据的准确采集，必须定义一个独一无二的名称；value 属性定义隐藏域的值。

(8) 下拉列表框

下拉列表框允许用户在一个有限的空间设置多种选项。

语法：

```
<select name="..." size="..." multiple>
    <option value="..." selected>...</option>
    ...
</select>
```

其中，size 属性定义下拉列表框的行数；name 属性定义下拉列表框的名称；multiple 属性表示可以多选，如果不设置本属性，那么只能单选；option 标签定义一个选项；value 属性定义选项的值；selected 属性表示默认已经选择本选项。

(9) 多行文本框

多行文本框也是一种让访问者自己输入内容的表单对象，可以让访问者填写较长的内容。

语法：

```
<textarea name="..." cols="..." rows="..."></ textarea>
```

其中，name 属性定义多行文本框的名称，要保证数据的准确采集，必须定义一个独一无二的名称；cols 属性定义多行文本框的宽度，单位是单个字符宽度；rows 属性定义多行文本框的高度，单位是单个字符宽度。

6.2.5 h*n* 和 p 标签

1. h*n* 标题标签

作用：定义标题，主要用于新闻文章、图书名等标题行上。h1 定义最大的标题，h6 定义最小的标题。

语法：

```
<hn>...</hn>
```

2. p段落标签

作用：定义段落，主要用于新闻文章、图书简介等正文上，除标题行以外的文本段落上。

语法：

```
<p>…</p>
```

6.3 任务实现

6.3.1 首页 header 区域 XHTML 模块结构

header 区效果如图 6-6 所示。

图 6-6 header 区效果

由图 6-6 可以看出，整个 header 区的设计步骤分 3 个阶段，分别是 Logo 图片、用户快速导航模块、导航菜单模块，代码如下：

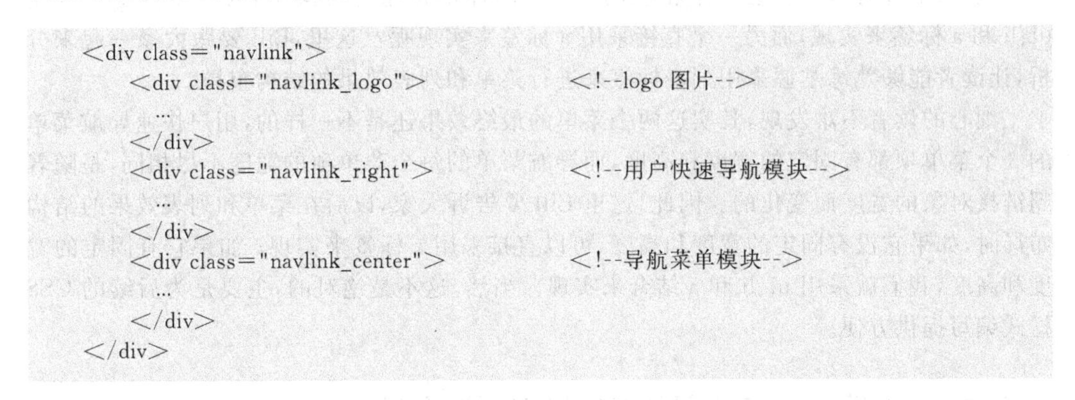

```
<div class="navlink">
    <div class="navlink_logo">          <!--logo 图片-->
    …
    </div>
    <div class="navlink_right">         <!--用户快速导航模块-->
    …
    </div>
    <div class="navlink_center">        <!--导航菜单模块-->
    …
    </div>
</div>
```

左边 Logo 图片区插入了一幅图片，可以用 img 标签来实现。另外，从方便交互的角度，再给图片做一个超链接，效果如图 6-7 所示。

图 6-7 Logo 图片效果图

XHTML 代码如下：

```
<div class="navlink_logo">
    <a href="index.html"><img src="images/logo.png" width="87" height="40"
        alt="叮当网上书店" class="logoborder" /></a>
</div>
```

用户快速导航模块和导航菜单模块如图 6-8 所示，一般使用 ui、li、a 标签来实现。如本例导航菜单模块直接采用了 a 标签实现，用户快速导航模块采用了 ul、li、a 结构。

图 6-8　用户快速导航模块和导航菜单模块效果

XHTML 代码如下：

```
<div class="navlink_right">
    <a href="#">购物车</a> |
    <a href="#">帮助中心</a> |
    <a href="#">我的账户</a> |
    <a href="#">新用户注册</a> |
    <a href="#">登录</a>
</div>
<div class="navlink_center">
    <ul>
      <li><a href="#" class="aleft">首页</a></li>
      <li><a href="#" class="acenter">我的叮当</a></li>
      <li><a href="#" class="aright">图书分类</a></li>
    </ul>
</div>
```

这时，估计有些读者会产生相应的疑问：同样都是超链接菜单，为什么一个要采用 ul、li 和 a 标签来实现，而另一个直接采用 a 标签来实现呢？这里，Bill 要跟大家一起来分析，让读者能够熟练掌握采用列表标签来进行菜单和列表效果的结构布局。

细心的读者不难发现，其实这两个菜单的最终效果还是不一样的，用户快速导航菜单的 3 个菜单项都有固定的宽度和高度，而导航菜单的每个菜单项的宽度不尽相同，是随着超链接对象的宽度而变化的。因此，这里 Bill 要告诉大家，以后在菜单和列表效果的结构布局时，如果它没有固定的宽度和高度，可以直接采用 a 标签来实现；如果它有固定的宽度和高度，我们就采用 ui、li 和 a 结合来实现。当然，这不是绝对的，主要是为后续的 CSS 样式编写提供方便。

6.3.2　首页 search 区域 XHTML 模块结构

search 区效果如图 6-9 所示。

图 6-9　search 区效果

如图 6-9 所示，search 区可以分成上、下两个块，分别为 searcher_top 和 searcher_bottom，代码如下：

```
<div class="search">
    <div class="searcher_top">
        ...
    </div>
    <div class="searcher_bottom">
        ...
    </div>
</div>
```

其中 searcher_top 部分的效果如图 6-10 所示。

图 6-10　searcher_top 效果

从任务 3 中对图片素材的设计和制作来看，searcher_top 部分左、右有两幅圆角图片，中间是一幅背景图片。这种效果在网页制作中经常用到，后续任务中会重点介绍，这里不再赘述。因此，可以把整个 searcher_top 部分再分解成 3 个块结构，分别为 yuanjiao_left、yuanjiao_right、yuanjiao_center，代码如下：

```
<div class="searcher_top">
    <div class="yuanjiao_left">...</div>
    <div class="yuanjiao_right">...</div>
    <div class="yuanjiao_center">...</div>
</div>
```

接下来在这 3 个块中插入相应的内容。注意，对于左、右两边的圆角图片，通常不采用在 XHTML 结构中用 img 标签来插入，而是在后面学习的 CSS 中采用设置背景图片来实现。这里读者又要产生疑问，为什么这样做呢？有时用 img 标签插入图片，有时又不用 img 标签插入图片。这里 Bill 又要告诉大家一个网站设计的原则，那就是为了提高网站的传输效率，加快网页浏览的速率，网站制作人员要尽量考虑网站设计制作过程中，将网站的总体容量尽可能缩减。因为插入图片后，由于图片的容量比较大会直接导致网站的容量变大。科学研究表明，当一个网页在 90 秒内无法正常显示时，那么用户就会失去耐心不会再进行浏览。因为网站的容量大小跟网站浏览的速率是成正比的。所以按照这个原则，此处只要将代码如下编写就可以了。

```
<div class="yuanjiao_left"></div>
<div class="yuanjiao_right"></div>
```

至于中间部分，由图 6-11 可以看出，图书分类、热门分类、其他分类 3 种效果类似，可以用 a 标签来实现。

图 6-11　searcher_top 中间效果

XHTML 代码如下：

```
<div class="yuanjiao_center">
    图书分类：
    <a href="#">程序设计</a><span>|</span>
    <a href="#">Web 开发</a><span>|</span>
    <a href="#">数据库管理</a><span>|</span>
    <a href="#">Linux 入门管理</a><span>|</span>
    热门搜索：
    <a href="#">C#</a><span>|</span>
    <a href="#">ASP.NET</a><span>|</span>
    <a href="#">SQL Server</a><span>|</span>
    <a href="#">PHP</a><span>|</span>
    其他分类：
    <a href="#">C#</a><span>|</span>
    <a href="#">ASP.NET</a><span>|</span>
    <a href="#">SQL Server</a>
</div>
```

其中 searcher_bottom 部分的效果如果 6-12 所示。

图 6-12　searcher_bottom 效果

从图 6-12 可以看出，这部分重点采用了表单的效果，因此，将这部分划分为3 个块：左边的 bottomform 区、中间的 bottomimglink 高级搜索图片区和右边的文字 bottomlinkwords 区。

XHTML 代码如下：

```
<div class="seacher_bottom">
    <div class="bottomform">
        ...
    </div>
    <div class="bottomimglink">
        ...
    </div>
    <div class="bottomlinkwords">
        ...
    </div>
</div>
```

bottomform 区可以使用 select 标签和 input 标签来实现。黄色的“搜索”按钮的背景是图片，因此一般采用 a 标签在 CSS 中设置背景图片来实现。

XHTML 代码如下：

```
<div class="bottomform">
    <form name="seacherform" method="post" action="">
```

```
        <select name="booktype" class="selectstyle">
            <option value="1">叮当图书</option>
            <option value="2">叮当分类</option>
        </select>
    <input type="text" name="keywords" class="txtinputsytle"
            value="请输入要查询的关键词" />
    <a href="#" class="btninputstyle">搜 索</a>
    <!--文字下面有背景图片,在结构中只须写出文字内容,背景效果在CSS中实现。-->
  </form>
</div>
```

bottomimglink是超链接的效果,按照尽可能不插入图片的原则,可以使用CSS背景图片来实现效果,所以在这里只须用a标签来实现。

XHTML代码如下:

```
<div class="bottomimglink">
    <a href="#"></a>
</div>
```

bottomlinkwords部分采用a标签来实现,XHTML代码如下:

```
<div class="bottomlinkwords">
    热门搜索:
    <a href="#">热搜 1</a>
    <a href="#">热搜 2</a>
    <a href="#">热搜 3</a>
    <a href="#">热搜 4</a>
    <a href="#">热搜 5</a>
    <a href="#">热搜 6</a>
    <a href="#">热搜 7</a>
    </div>
```

6.3.3 首页中间left区域XHTML模块结构

中间left效果如图6-13所示。

如图6-13所示,左边部分主要是竖排导航菜单,从结构上可以分为上、下两块,分别为图书left_top块和品牌出版社left_bottom块,XHTML代码如下:

```
<div class="main_left">
    <div class="left_top">
      ...
    </div>
    <div class="left_bottom">
```

```
        ...
      </div>
    </div>
```

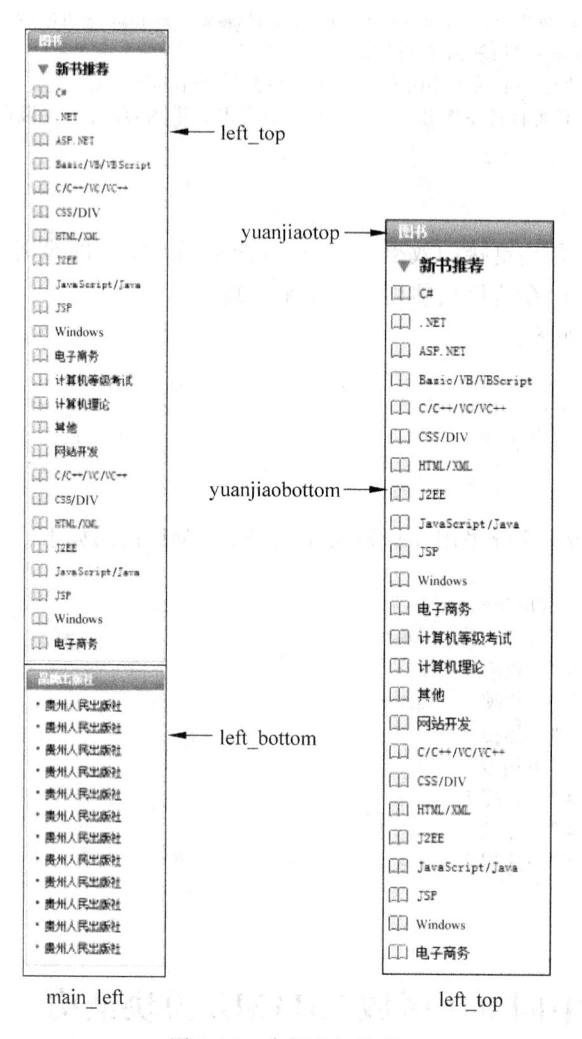

图 6-13　中间 left 效果

再来分析 left_top 和 left_bottom 的结构。这两个结构非常类似，文字背景都一样，不同点是列表项前面的图片不同，因此，只要完成一个，另一个只要复制修改就可以实现了。

下面以 left_top 为例进行讲解。left_top 可以划分为两个块，上面部分 yuanjiaotop 的结构与 search 区 searcher_top 类似，下面部分 yuanjiaobottom 采用 ui、li、a 标签实现。

XHTML 代码如下：

```
<div class="left_top">
    <div class="yuanjiaotop">              <!--与 search 区 searcher_top 类似-->
```

```
        <div class="mainyuanjiao_left"></div>
        <div class="mainyuanjiao_right"></div>
        <div class="mainyuanjiao_center">图书</div>
    </div>
    <div class="yuanjiaobottom">
        <ul>
            <li><a href="#">新书推荐</a></li>
            <li><a href="#">C#</a></li>
            <li><a href="#">.NET</a></li>
            <li><a href="#">ASP.NET</a></li>
            <li><a href="#">Basic/VB/VBScript</a></li>
            <li><a href="#">C/C++/VC++</a></li>
            <li><a href="#">CSS/DIV</a></li>
        </ul>
    </div>
</div>
```

同样,品牌出版社 left_bottom 块的 XHTML 代码如下:

```
<div class="left_bottom">
    <div class="yuanjiaotop">          <!--同 search 区 searcher_top 类似-->
        <div class="mainyuanjiao_left"></div>
        <div class="mainyuanjiao_right"></div>
        <div class="mainyuanjiao_center">品牌出版社</div>
    </div>
    <div class="yuanjiaobottom">
        <ul>
            <li><a href="#">贵州人民出版社</a></li>
            <li><a href="#">清华大学出版社</a></li>
            <li><a href="#">机械工业出版社</a></li>
            <li><a href="#">电子工业出版社</a></li>
            <li><a href="#">浙江大学出版社</a></li>
            <li><a href="#">邮电出版社</a></li>
            <li><a href="#">上海文艺出版社</a></li>
        </ul>
    </div>
</div>
```

6.3.4 首页中间 right 区域 XHTML 模块结构

中间 right 区域结构如图 6-14～图 6-16 所示。

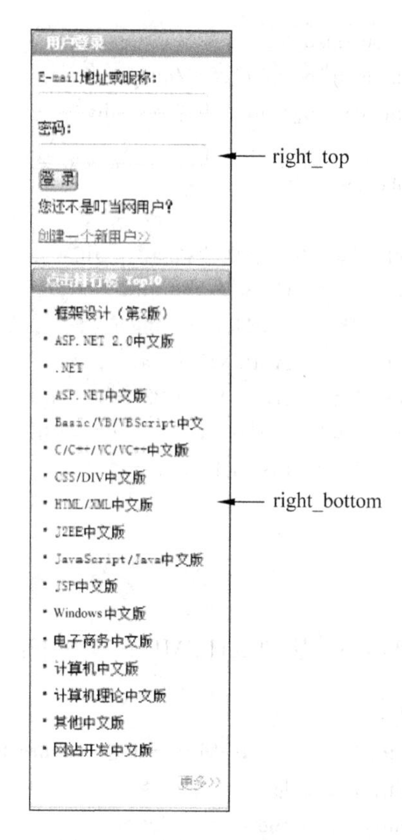

图 6-14　中间 right 区域效果

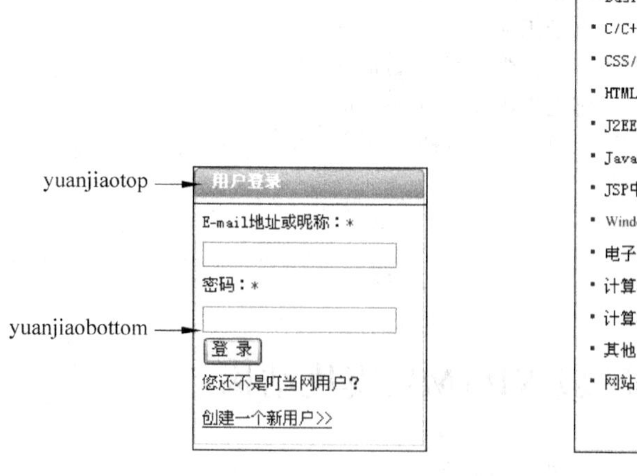

图 6-15　right_top 效果

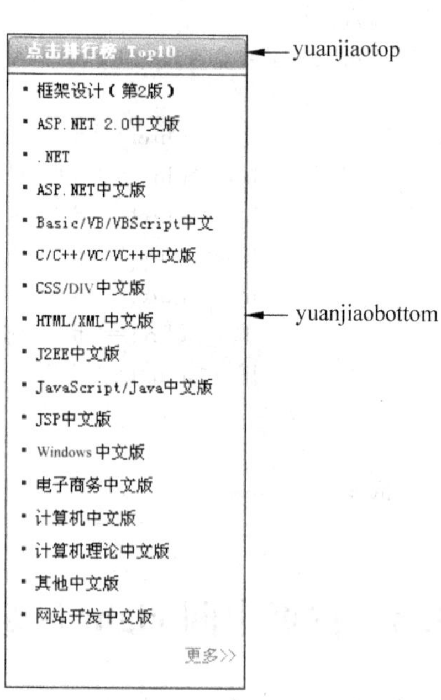

图 6-16　right_bottom 效果

如图 6-14 所示，中间 right 部分可以分成上、下两个块，分别为 right_top 和 right_bottom，XHTML 代码如下：

```
<div class="main_right">
    <div class="right_top">…</div>
    <div class="right_bottom">…</div>
</div>
```

如图 6-15 所示，right_top 部分又可以分为两个块，一个是用户登录 yuanjiaotop，一个是表单 yuanjiaobottom，表单根据效果图可以用 label 和 input 标签来实现。

XHTML 代码如下：

```
<div class="right_top">
    <div class="yuanjiaotop">
        <div class="mainyuanjiao_left"></div>
        <div class="mainyuanjiao_right"></div>
        <div class="mainyuanjiao_center">用户登录</div>
    </div>
    <div class="yuanjiaobottom">
      <form method="post" action="">
        <label>E-mail 地址或者昵称：</label><br />
        <input type="text" name="username" /><br />
        <label>密码：</label><br />
        <input type="password" name="pwd" /><br />
        <input type="submit" value="登录" /><br />
        <label>您还不是叮当网用户?</label><br />
        <a href="#">创建新用户 &gt;&gt;</a>
      </form>
    </div>
</div>
```

如图 6-16 所示，right_bottom 块与 left_bottom 块类似，XHTML 代码如下：

```
<div class="right_bottom">
    <div class="yuanjiaotop">
       <div class="mainyuanjiao_left"></div>
       <div class="mainyuanjiao_right"></div>
       <div class="mainyuanjiao_center">点击排行  Top 10</div>
    </div>
    <div class="yuanjiaobottom">
       <ul>
           <li><a href="#">框架设计第 2 版</a></li>
           <li><a href="#">ASP.NET 2.0 中文版</a></li>
           <li><a href="#">.NET</a></li>
           <li><a href="#">ASP.NET 中文版</a></li>
           <li><a href="#">J2EE 中文版</a></li>
           <li><a href="#">计算机中文版</a></li>
```

```
            <li><a href="#">其他中文版</a></li>
        </ul>
    </div>
</div>
```

6.3.5 首页中间 center 区域 XHTML 模块结构

中间 center 区域结构图如图 6-17～图 6-20 所示。

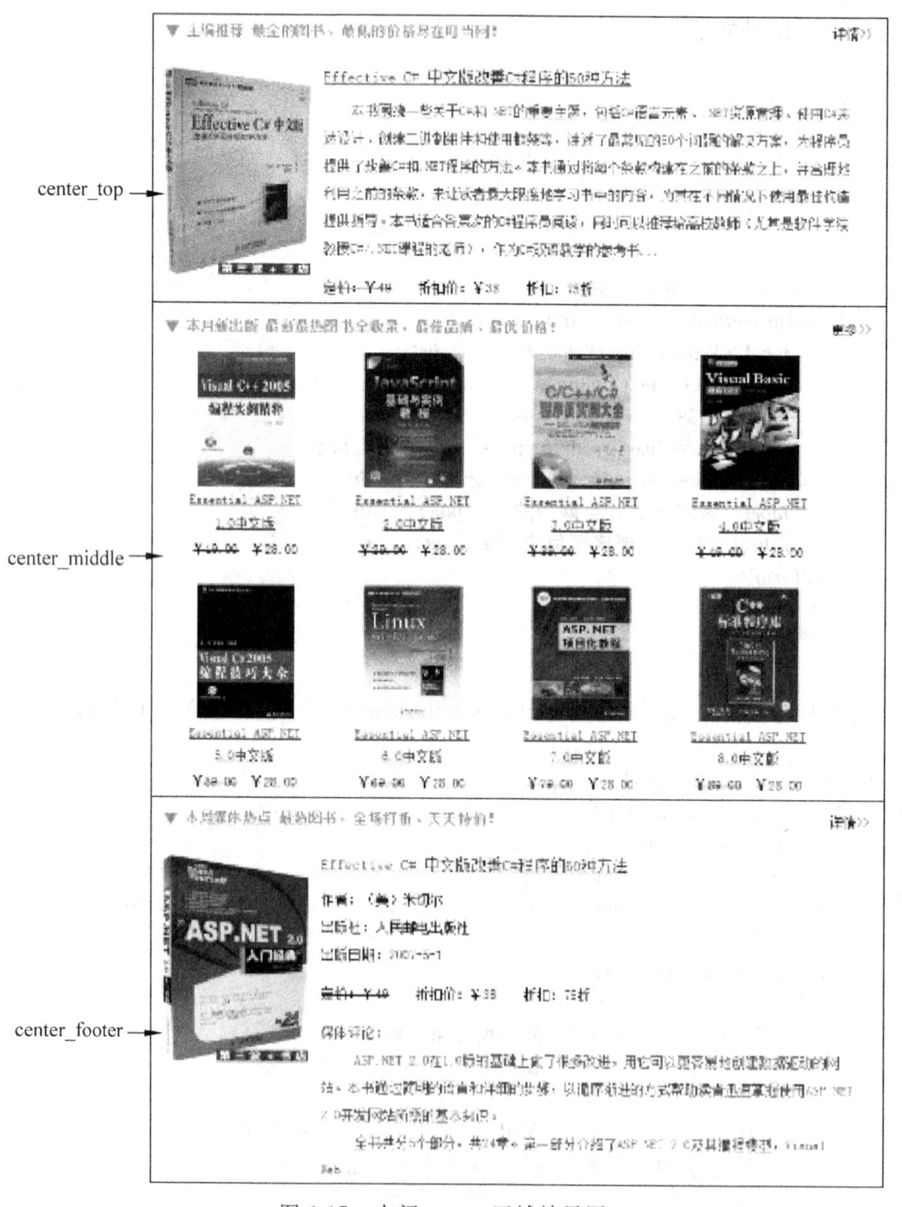

图 6-17　中间 center 区域效果图

从图 6-17 可以看出，Center 区域可以分为 3 个块，分别为 center_top、center_middle 和 center_footer。代码如下：

```
<div class="main_center">
    <div class="center_top">…</div>
    <div class="center_middle">…</div>
    <div class="center_footer">…</div>
</div>
```

(1) 首先来看 center_top 结构的搭建。通过图 6-18 可以看出，center_top 部分又可以划分为两个块，一个是主编推荐区 centertopclass，采用 ui 和 li 列表标签或者采用 div 标签也可以实现。

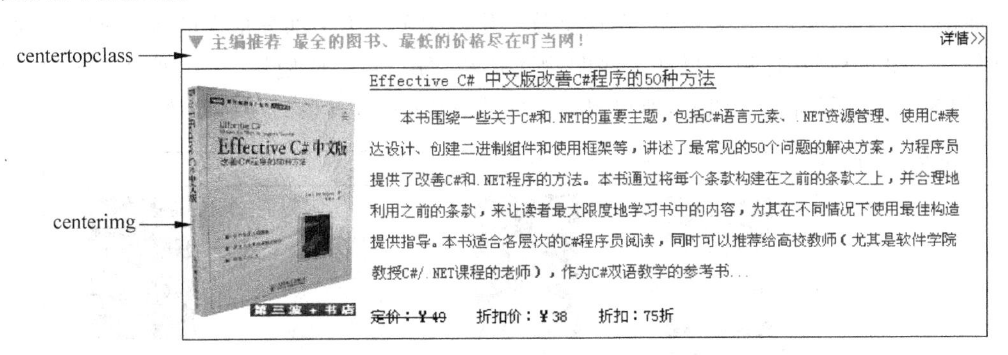

图 6-18 center_top 效果图

XHTML 代码如下：

```
<div class="centertopclass">
    <ul><!--采用 ul li 列表实现-->
        <li class="centertopullione">主编推荐  最全的图书、最低的价格尽在叮当网
        </li>
        <li class="centertopullitwo"><a href="#">详情 &gt;&gt;</a></li>
    </ul>
</div>
```

对于图文混排区 centerimg 块需要注意的是，标题文字通常使用 h*n* 标签来完成，但如果有超链接，则使用 a 标签来实现效果更好；段落使用 p 标签实现；span 标签用来实现个别需要特定表示的效果。具体代码如下：

```
<div class="centerimg">
    <a href="#"><img src="images/BookCovers/978711515888_new.jpg" height="180"
      width="132" alt="" /></a>
    <a href="#" class="booktitle"><h5>Effective C#中文改善版</h5></a>
```

```
    <p class="bookcontents">本书围绕一些关于 C# 和.NET 的重要主题,包括 C# 语言元
       素,.NET 资源管理、使用 C# 表达设计、创建二进制组件和使用框架等,讲述了最常见的
       50 个问题的解决方案,为程序员提供了改善 C# 和.NET 程序的方法。本书通过将每个条
       款构建在之前条款之上,并合理地利用之前的条款,来让读者最大限度地学习书中的内容,
       为其在不同情况下使用最佳构造提供指导。本书适合各层次的 C# 程序员阅读,同时可以
       推荐给高校教师(尤其是软件学院教授 C#/.NET 课程的老师),作为 C# 双语教学的参考
       书...</p>
    <p><span class="spanone">定价:¥49 元</span>
    <span class="spantwo">折扣价:¥38 元</span>
    <span class="spanthree">折扣:75 折</span></p>
</div>
```

(2) 接下来分析 center_middle。从图 6-19 看出,center_middle 可以分为上、下两块,上面部分与 centertopclass 相同,在这里就不作说明了。下半部分最大的特点就是它的排列如一个电子相册,这种效果在一些购物网站经常用到,一般使用 ul、li 列表来实现。另外,因为整个效果都是类似的,所以只需要完成其中一个,其余的复制修改即可。

图 6-19 center_middle 效果图

XHTML 代码如下:

```
<div class="centerulli">
<ul>
    <li>
      <a href="#"><img src="images/BookCovers/1.jpg" alt="" /></a>
        <h5><a href="#" class="centerullititle">Effective ASP.NET 中文版</a></h5>
        <p class="centerulliprice"><span class="delprice">¥49.0</span>
        <span>¥28.0</span></p>
    </li>
    <li>
        <a href="#"><img src="images/BookCovers/2.jpg" alt="" /></a>
        <h5><a href="#" class="centerullititle">C# 中文版></a></h5>
```

```
        <p class="centerulliprice"><span class="delprice">¥39.0</span>
        <span>¥27.0</span></p>
    </li>
    <li>
        <a href="#"><img src="images/BookCovers/3.jpg" alt="" /></a>
        <h5><a href="#" class="centerullititle">Effective ASP.NET 中文版</a></h5>
        <p class="centerulliprice"><span class="delprice">¥49.0</span>
        <span>¥28.0</span></p>
    </li>
    <li>
        <a href="#"><img src="images/BookCovers/4.jpg" alt="" /></a>
        <h5><a href="#" class="centerullititle">C#中文版</a></h5>
        <p class="centerulliprice"><span class="delprice">¥39.0</span>
        <span>¥27.0</span></p>
    </li>
    <li>
        <a href="#"><img src="images/BookCovers/5.jpg" alt="" /></a>
        <h5><a href="#" class="centerullititle">Effective ASP.NET 中文版</a></h5>
        <p class="centerulliprice"><span class="delprice">¥49.0</span>
        <span>¥28.0</span></p>
    </li>
    <li>
        <a href="#"><img src="images/BookCovers/6.jpg" alt="" /></a>
        <h5><a href="#" class="centerullititle">C#中文版</a></h5>
        <p class="centerulliprice"><span class="delprice">¥39.0</span>
        <span>¥27.0</span></p>
    </li>
    <li>
        <a href="#"><img src="images/BookCovers/7.jpg" alt="" /></a>
        <h5><a href="#" class="centerullititle">Effective ASP.NET 中文版</a></h5>
        <p class="centerulliprice"><span class="delprice">¥49.0</span>
        <span>¥28.0</span></p>
    </li>
    <li>
        <a href="#"><img src="images/BookCovers/8.jpg" alt="" /></a>
        <h5><a href="#" class="centerullititle">C#中文版</a></h5>
        <p class="centerulliprice"><span class="delprice">¥39.0</span>
        <span>¥27.0</span></p>
    </li>
</ul>
</div>
```

(3) 从图 6-20 可以看出，center_footer 部分的搭建方法和 center_top 类似。

XHTML 代码如下：

```
<div class="center_footer">
    <div class="centertopclass">
```

```
            <ul>
                <li class="centertopullione">本周媒体热点 最热图书,全场打折,天天特价</li>
                <li class="centertopullitwo"><a href="#">更多 &gt;&gt;</a></li>
            </ul>
        </div>
        <div class="centerimg">
            <a href="#" ><img src="images/BookCovers/9787115158284_new.jpg"
            height="349" width="200" alt="" /></a>
            <h5><a href="#">Effective C#中文版改善 C#程序的 50 种方法</a></h5>
            <p>作者: (美)米切尔</p>
            <p>出版社: 人民邮电出版社</p>
            <p>出版时间: 2007-05-01</p>
            <p><span class="spanone">定价: ¥49 元</span>
                <span class="spantwo">折扣价: ¥38 元</span>
                <span class="spanthree">折扣: 75 折</span></p>
            <h5>媒体评论:</h5>
            <p>ASP.NET 2.0 在 1.0 版的基础上做了很多改进,用它可以更容易地创建数据驱动
              的网站。本书通过简明的语言和详细的步骤,以循序渐进的方式帮助读者迅速掌握使
              用 ASP.NET 2.0 开发网站所需的基本知识。</p>
            <p>全书共分 5 个部分,共 24 章。第一部分介绍了 ASP.NET 2.0 及其编程模型,
              Visual Web...</p>
        </div>
    </div>
```

图 6-20 center_footer 效果图

6.3.6 首页 footer 区域 XHTML 模块结构

footer 区域的结构如图 6-21 所示。

从图 6-21 可以看出，footer 部分可以分为两个块，一个是上面的图片 footer_banner，一个是下面的 footer_bottom。©符号的代码为“©”，可以在 Dreamweaver 设计视

图 6-21 footer效果图

图中打开“文本”工具栏，单击最后一个符号标签，在打开的下拉菜单中选择“©版权”符号，如图 6-22 和图 6-23 所示。

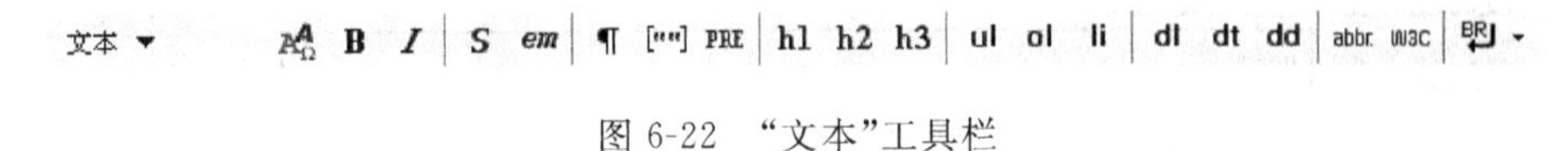

图 6-22 “文本”工具栏

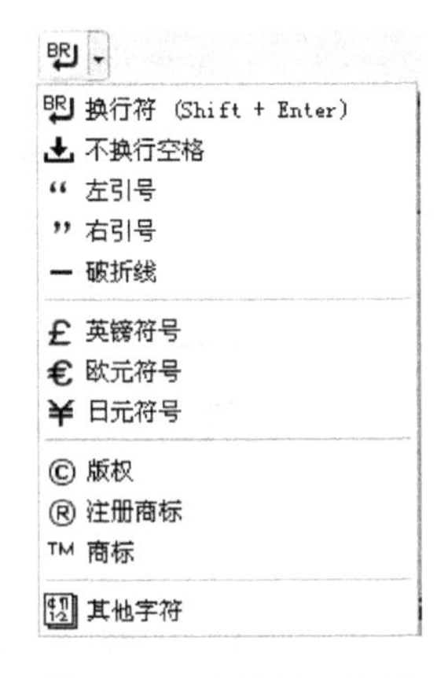

图 6-23 选择版权符号

footer 部分 XHTML 代码如下：

```
<div class="footer">
    <div class="footer_banner"><img src="images/index_end.png"  width="982"
        height="80" alt="" /></div>
    <div class="footer_bottom">
        Copyright <span><span>&copy;</span></span>
        叮当网 2012-2014, All Rights Reserved. Powered By GreatSoft Corp.  
        <img src="images/validate.gif" align="absmiddle" alt="" />  苏
        <a href="#"  target="_blank">ICP证041100号</a>
    </div>
</div>
```

6.4 任务拓展

对于“叮当网上书店”其他页面图书分类页、图书详细页、图书登录页，请大家根据效果图选择合适的标签，认真独立完成效果。

6.4.1 图书分类页 XHTML 总体结构

图书分类页 XHTML 总体结构如图 6-24 所示。

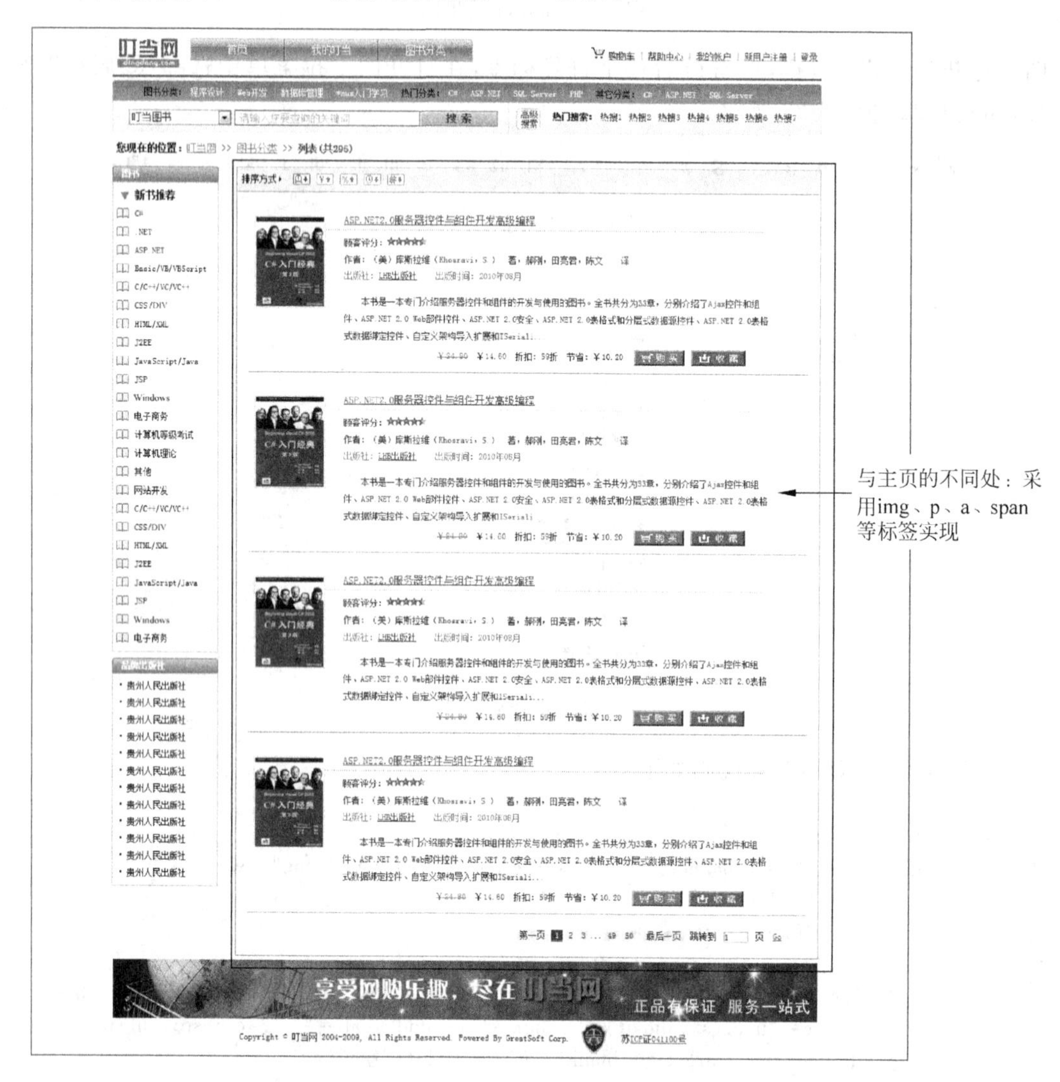

图 6-24 图书分类页 XHTML 总体结构

从图 6-24 可以看出，整个版面和主页有些类似，也是上中下结构。与主页的不同处如图 6-24 所示。可以在主页的基础上修改代码，不同处的 XHTML 代码如下：

```
<div class="list_right">
    <div class="list_r_top">
        <div class="list_r_toptext"排序方式
            <img src="./images/class/icon_sanjiao_black.gif" /></div>
        <!--排序-->
```

```
        <span class="list_r_toporder">
            <a href="#" ><img src='./images/class/icon_xiaoshou_r.gif'/></a>
            <a href="#" ><img src='./images/class/icon_jiaqian.gif'/></a>
            <a href="#" ><img src='./images/class/icon_zhekou.gif'/></a>
            <a href="#" ><img src='./images/class/icon_shijian2.gif'/></a>
            <a href="#" ><img src='./images/class/icon_chuban2.gif'/></a>
        </span>
    </div>
    <!--列表 B-->
    <div class="list_r_list">
        <div class="list_book_l">
            <span class="pic"> <a href="#" target="_blank">
                <img src="images/BookCovers/9171366.jpg" border="0"/></a>
            </span> </div>
    <div class="list_book_r">
        <h2> <a href="#">ASP.NET 2.0 服务器控件与组件开发高级编程</a> </h2>
        <p>顾客评分:
        <img src='./images/class/dot_xing.gif'/>
        <img src='./images/class/dot_xing.gif'/>
        <img src='./images/class/dot_xing.gif'/>
        <img src='./images/class/dot_xing.gif'/>
        <img src='./images/class/dot_xing2.gif'/> </p>
        <p>作者:<span>(美)库斯拉维(Khosravi,S.) 著,郝刚,田亮君,陈文 </span> 译 </p>
        <p class="l">出版社:<a href="#" >LHB 出版社</a></p>
        <p class="l">出版时间:2010 年 08 月</p>
        <p class="t">本书是一本专门介绍服务器控件和组件的开发与使用的图书.全书共分
                    为 33 章,分别介绍了 Ajax 控件和组件、ASP.NET 2.0 Web 部件控件、
                    ASP.NET 2.0 安全、ASP.NET 2.0 表格式和分层式数据源控件、ASP
                    .NET 2.0 表格式数据绑定控件、自定义架构导入扩展和 ISeriali...
                    </p>
        <p class="s"><span class="del"><s>¥24.80</s></span>
        <span class="red">¥14.60</span> 折扣:59 折 节省:¥10.20 </p>
        <span class="goushou"> <a href="#" >
        <img src='./images/class/but_buy.gif' title='购买'/></a> </span>
        <span class="goushou"> <a href="#" >
        <img src="./images/class/but_put.gif" title="收藏" /></a> </span>
    </div>
</div>
<div class="list_r_list">
    <div class="list_book_l">
        <span class="pic">
            <a href="#" target="_blank">
                <img src="images/BookCovers/9171366.jpg" border="0"/></a>
        </span>
    </div>
    <div class="list_book_r">
        <h2> <a href="#" >ASP.NET 2.0 服务器控件与组件开发高级编程</a> </h2>
```

```
<p>顾客评分:
<img src= './images/class/dot_xing.gif' />
<img src= './images/class/dot_xing.gif' />
<img src= './images/class/dot_xing.gif' />
<img src= './images/class/dot_xing.gif' />
<img src= './images/class/dot_xing2.gif' /> </p>
<p>作者:<span>(美)库斯拉维(Khosravi,S.) 著,郝刚,田亮君,陈文 </span> 译 </p>
<p class="l">出版社:<a href="#" >LHB 出版社</a></p>
<p class="l">出版时间:2010 年 08 月</p>
<p class="t">本书是一本专门介绍服务器控件和组件的开发与使用的图书.全书共分
            为 33 章,分别介绍了 Ajax 控件和组件、ASP.NET 2.0 Web 部件控件、
            ASP.NET 2.0 安全、ASP.NET 2.0 表格式和分层式数据源控件、ASP
            .NET 2.0 表格式数据绑定控件、自定义架构导入扩展和 ISeriali...
            </p>
<p class="s"><span class="del"><s>¥24.80</s></span>
<span class="red">¥14.60</span>  折扣:59 折  节省:¥10.20 </p>
<span class="goushou"> <a href="#" >
   <img src= './images/class/but_buy.gif' title= '购买' /></a> </span>
<span class="goushou"> <a href="#" >
   <img src="./images/class/but_put.gif" title="收藏" />
   </a> </span>
</div>
</div>
<div class="list_r_list">
  <div class="list_book_l">
    <span class="pic"> <a href="#" target="_blank">
       <img src="images/BookCovers/9171366.jpg" border="0"/></a>
    </span> </div>
  <div class="list_book_r">
    <h2> <a href="#" >ASP.NET 2.0 服务器控件与组件开发高级编程</a> </h2>
    <p>顾客评分:
       <img src= './images/class/dot_xing.gif' />
       <img src= './images/class/dot_xing.gif' />
       <img src= './images/class/dot_xing.gif' />
       <img src= './images/class/dot_xing.gif' />
       <img src= './images/class/dot_xing2.gif' /> </p>
    <p>作者:<span>(美)库斯拉维(Khosravi,S.) 著,郝刚,田亮君,陈文 </span>
       译 </p>
    <p class="l">出版社:<a href="#" >LHB 出版社</a></p>
    <p class="l">出版时间:2010 年 08 月</p>
    <p class="t">本书是一本专门介绍服务器控件和组件的开发与使用的图书.全书共分
                为 33 章,分别介绍了 Ajax 控件和组件、ASP.NET 2.0 Web 部件控件、
                ASP.NET 2.0 安全、ASP.NET 2.0 表格式和分层式数据源控件、ASP
                .NET 2.0 表格式数据绑定控件、自定义架构导入扩展和 ISeriali...
                </p>
    <p class="s"><span class="del"><s>¥24.80</s></span>
    <span class="red">¥14.60</span>
       折扣:59 折  节省:¥10.20 </p>
    <span class="goushou">
       <a href="#" ><img src= './images/class/but_buy.gif' title= '购买' /></a>
    </span>
```

```
            <span class="goushou">
                <a href="#" ><img src="./images/class/but_put.gif" title="收藏" />
            </a> </span>
        </div>
    </div>
    <div class="list_r_list">
        <div class="list_book_l">
            <span class="pic">
                <a href="#" target="_blank">
                    <img src="images/BookCovers/9171366.jpg" border="0"/></a> </span>
        </div>
        <div class="list_book_r">
            <h2> <a href="#" >ASP.NET 2.0 服务器控件与组件开发高级编程</a> </h2>
            <p>顾客评分:<img src='./images/class/dot_xing.gif' />
                <img src='./images/class/dot_xing.gif' />
                <img src='./images/class/dot_xing.gif' />
                <img src='./images/class/dot_xing.gif' />
                <img src='./images/class/dot_xing2.gif' /> </p>
            <p>作者:<span>(美)库斯拉维(Khosravi, S.) 著,郝刚,田亮君,陈文  </span>
                译 </p>
            <p class="l">出版社:<a href="#" >LHB 出版社</a></p>
            <p class="l">出版时间:2010 年 08 月</p>
            <p class="t">本书是一本专门介绍服务器控件和组件的开发与使用的图书.全书共分
                为 33 章,分别介绍了 Ajax 控件和组件、ASP.NET 2.0 Web 部件控件、
                ASP.NET 2.0 安全、ASP.NET 2.0 表格式和分层式数据源控件、ASP
                .NET 2.0 表格式数据绑定控件、自定义架构导入扩展和 ISeriali...
                </p>
            <p class="s"><span class="del"><s>¥24.80</s></span>
            <span class="red">¥14.60</span>  折扣:59 折  节省:¥10.20 </p>
            <span class="goushou"> <a href="#" >
                <img src='./images/class/but_buy.gif' title='购买' /></a> </span>
            <span class="goushou">
                <a href="#" ><img src="./images/class/but_put.gif" title="收藏" /></a>
            </span>
        </div>
    </div>
    <div class="pages">
        <div class="mode_turn_page">
            <span class="prev2">
                <a href="#" class="num">第一页</a></span>
            <span class="num_now">1</span>
            <span><a href="#" class="num">2</a></span>
            <span><a href="#" class="num">3</a></span><span>...
            </span><span><a href="#" class="num">49</a></span><span>
            <a href="#" class="num">50</a></span>
            <span class="next"><a href="#" class="num">最后一页</a></span>
            <span class="t_text">跳转到</span>
            <input type="text" class="tiaozhuan" value="1" />
```

```
        <span class="t_text">页</span> <span class="enter">
            <a href="#" >Go</a> </span> </div>
    </div>
</div>
```

6.4.2 图书详细页 XHTML 总体结构

图书详细页效果如图 6-25 所示。

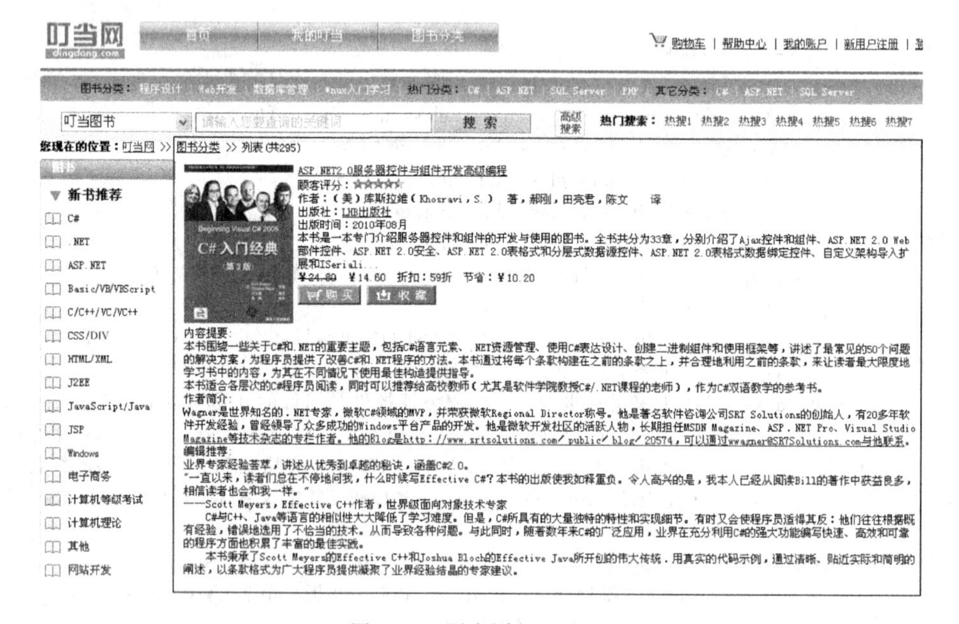

图 6-25 图书详细页效果

从图 6-25 可以看出，中间和右边部分与主页不同，可以通过 img、hn 等标签实现。XHTML 代码如下：

```
<div class="yposition">
    <b>您现在的位置: </b><a href="index.html">叮当网</a> &gt;&gt;
    <a href="class.html">图书分类</a> &gt;&gt;
    <span>列表(共 295)</span>
</div>
<!--图书列表右边 B-->
<div class="book">
    <div class="book_left">
        <div class="gtit">
            <span class="gleft"></span> <span class="grig"></span>
            <h2 class="col_w129">图书</h2>
        </div>
        <div class="glist">
            <ul>
```

```
            <li class="lititle"><a href="class.html">新书推荐</a></li>
            <li><a href="class.html">C#</a></li>
            <li><a href="class.html">.NET</a></li>
            <li><a href="class.html">ASP.NET</a></li>
            <li><a href="class.html">Basic/VB/VBScript</a></li>
            <li><a href="class.html">C/C++/VC/VC++</a></li>
            <li><a href="class.html">CSS/DIV</a></li>
            <li><a href="class.html">HTML/XML</a></li>
            <li><a href="class.html">J2EE</a></li>
            <li><a href="class.html">JavaScript/Java</a></li>
            <li><a href="class.html">JSP</a></li>
            <li><a href="class.html">Windows</a></li>
            <li><a href="class.html">电子商务</a></li>
            <li><a href="class.html">计算机等级考试</a></li>
            <li><a href="class.html">计算机理论</a></li>
            <li><a href="class.html">其他</a></li>
            <li><a href="class.html">网站开发</a>
                <li><a href="class.html">C/C++/VC/VC++</a></li>
                <li><a href="class.html">CSS/DIV</a></li>
                <li><a href="class.html">HTML/XML</a></li>
                <li><a href="class.html">J2EE</a></li>
                <li><a href="class.html">JavaScript/Java</a></li>
                <li><a href="class.html">JSP</a></li>
                <li><a href="class.html">Windows</a></li>
                <li><a href="class.html">电子商务</a></li>
            </li>
        </ul>
    </div>
    <span class="blank8"></span>
    <div class="gtit"> <span class="gleft"></span>
        <span class="grig"></span>
        <h2 class="col_w129">品牌出版社</h2>
    </div>
    <div class="glist1">
        <ul>
            <li><a href="class.html">贵州人民出版社</a></li>
            <li><a href="class.html">贵州人民出版社</a></li>
            <li><a href="class.html">贵州人民出版社</a></li>
            <li><a href="class.html">贵州人民出版社</a></li>
            <li><a href="class.html">贵州人民出版社</a></li>
            <li><a href="class.html">贵州人民出版社</a></li>
            <li><a href="class.html">贵州人民出版社</a></li>
            <li><a href="class.html">贵州人民出版社</a></li>
            <li><a href="class.html">贵州人民出版社</a></li>
            <li><a href="class.html">贵州人民出版社</a></li>
            <li><a href="class.html">贵州人民出版社</a></li>
            <li><a href="class.html">贵州人民出版社</a></li>
        </ul>
    </div>
```

```
</div>
<div class="class_wrap">
    <div class="list_right">
        <!--列表 B-->
        <div class="list_r_list">
            <div class="list_book_l">
                <span class="pic"><a href="#" target="_blank">
                    <img src="images/BookCovers/9171366.jpg"  border="0"/></a>
                </span>
        </div>
        <div class="list_book_r">
            <h2> <a href="#" >ASP.NET 2.0 服务器控件与组件开发高级编程</a>
            </h2>
            <p>顾客评分:
                <img src='./images/class/dot_xing.gif'/>
                <img src='./images/class/dot_xing.gif'/>
                <img src='./images/class/dot_xing.gif'/>
                <img src='./images/class/dot_xing.gif'/>
                <img src='./images/class/dot_xing2.gif'/> </p>
            <p>作者:
            <span>(美)库斯拉维(Khosravi,S.) 著,郝刚,田亮君,陈文 </span> 译
            </p>
            <p class="l">出版社: <a href="#" >LHB 出版社</a></p>
            <p class="l">出版时间: 2010 年 08 月</p>
            <p class="t">本书是一本专门介绍服务器控件和组件的开发与使用的图书。
                        全书共分为 33 章,分别介绍了 Ajax 控件和组件、ASP.NET
                        2.0 Web 部件控件、ASP.NET 2.0 安全、ASP.NET 2.0 表格
                        式和分层式数据源控件、ASP.NET 2.0 表格式数据绑定控件、
                        自定义架构导入扩展和 ISeriali...</p>
            <p class="s"><span class="del"><s>¥24.80</s></span>
            <span class="red">¥14.60</span> 折扣: 59 折 节省: ¥10.20 </p>
            <span class="goushou">
                <a href="#" ><img src='./images/class/but_buy.gif' title='购买'/>
                </a> </span>
            <span class="goushou">
                <a href="#" ><img src="./images/class/but_put.gif"
                    title="收藏" /></a></span>
        </div>
    </div>
    <div class="list_box">
        <h3>内容提要:</h3>
        <p>本书围绕一些关于 C# 和.NET 的重要主题,包括 C# 语言元素、.NET 资源
            管理、使用 C# 表达设计、创建二进制组件和使用框架等,讲述了最常见的
            50 个问题的解决方案,为程序员提供了改善 C# 和.NET 程序的方法。本书通
            过将每个条款构建在之前的条款之上,并合理地利用之前的条款,来让读者最
            大限度地学习书中的内容,为其在不同情况下使用最佳构造提供指导。<br>
            本书适合各层次的 C# 程序员阅读,同时可以推荐给高校教师(尤其是软件学
            院教授 C#/.NET 课程的老师),作为 C# 双语教学的参考书。</p>
```

```
</div>
<div class="list_box">
    <h3>作者简介:</h3>
    <p>Wagner 是世界知名的.NET 专家,微软 C#领域的 MVP,并荣获微软
        Regional Director 称号。他是著名软件咨询公司 SRT Solutions 的创始人,
        有 20 多年软件开发经验,曾经领导了众多成功的 Windows 平台产品的开
        发。他是微软开发社区的活跃人物,长期担任 MSDN Magazine、ASP.NET
        Pro、Visual Studio <a href="mailto:Magazine 等技术杂志的专栏作者。他
        的 Blog 是 http://www.srtsolutions.com/public/blog/20574,可以通过
        wwagner@SR7Solutions.com 与他联系">Magazine 等技术杂志的专栏作
        者。他的 Blog 是 http://www.srtsolutions.com/public/blog/20574,可以
        通过 wwagner@SR7Solutions.com 与他联系</a>。</p>
</div>
<div class="list_box">
    <h3>编辑推荐:</h3>
    <p>业界专家经验荟萃,讲述从优秀到卓越的秘诀,涵盖 C#2.0。<br>"一直以
       来,读者们总在不停地问我,什么时候写 Effective C#?本书的出版使我如释
       重负。令人高兴的是,我本人已经从阅读 Bill 的著作中获益良多,相信读者也
       会和我一样。"<br>
       ——Scott Meyers,Effective C++作者,世界级面向对象技术专家<br>
       C#与 C++、Java 等语言的相似性大大降低了学习难度。但是,C#所具有的
       大量独特的特性和实现细节。有时又会使程序员适得其反:他们往往根据既
       有经验,错误地选用了不恰当的技术。从而导致各种问题。与此同时,随着数
       年来 C#的广泛应用,业界在充分利用 C#的强大功能编写快速、高效和可靠
       的程序方面也积累了丰富的最佳实践。<br>
       本书秉承了 Scott Meyers 的 Effective C++和 Joshua Bloch 的 Effective
       Java 所开创的伟大传统.用真实的代码示例,通过清晰、贴近实际和简明的阐
       述,以条款格式为广大程序员提供凝聚了业界经验结晶的专家建议。<br>
       本书中,著名.NET 专家 Bill Wagner 就如何高效地使用 C#语言和.NET 库。
       围绕 C#语言元素、.NET 资源管理、使用 C#表达设计、创建二进制组件和使
       用框架等重要主题,讲述了如何在不同情况下使用最佳的语言构造和惯用法,
       同时避免常见的性能和可靠性问题。其中许多建议读者都可以举一反三,立
       即应用到自己的日常编程工作中去。</p>
    </div>
    <div class="list_box">
        <h3>目录:</h3>
        <p>第1章 C#语言元素<br>
        条款1: 使用属性代替可访问的数据成员<br>
        条款2: 运行时常量(readonly)优于编译时常量(const)<br>
        条款3: 操作符 is 或 as 优于强制转型<br>
        条款4: 使用 Conditional 特性代替#if 条件编译<br>
        条款5: 总是提供 ToString()方法<br>
        条款6: 明辨值类型和引用类型的使用场合<br>
        条款7: 将值类型尽可能实现为具有常量性和原子性的类型<br>
        条款8: 确保0为值类型的有效状态<br>
        条款9: 理解几个相等判断之间的关系<br>
        条款10: 理解 GetHashCode()方法的缺陷<br>
        条款11: 优先采用 foreach 循环语句<br>
        第2章 .NET 资源管理<br>
```

```
                    条款 12：变量初始化器优于赋值语句<br>
                    条款 13：使用静态构造器初始化静态类成员<br>
                    条款 14：利用构造器链<br>
                    条款 15：利用 using 和 try/finally 语句来清理资源<br>
                    条款 16：尽量减少内存垃圾<br>
                    条款 17：尽量减少装箱与拆箱<br>
                    条款 18：实现标准 Dispose 模式<br>
                    第 3 章 使用 C#表达设计<br>
                    条款 19：定义并实现接口优于继承类型<br>
                    条款 20：明辨接口实现和虚方法重写<br>
                    条款 21：使用委托表达回调<br>
                    条款 22：使用事件定义外发接口<br>
                    条款 23：避免返回内部类对象的引用<br>
                    条款 24：声明式编程优于命令式编程<br>
                    条款 25：尽可能将类型实现为可序列化的类型<br>
                    条款 26：使用 IComparable 和 IComparer 接口实现排序关系<br>
                    条款 27：避免 ICloneable 接口<br>
                    条款 28：避免强制转换操作符<br>
                    条款 29：只有当新版基类导致问题时才考虑使用 new 修饰符<br>
                    第 4 章 创建二进制组件<br>
                    条款 30：尽可能实现 CLS 兼容的程序集<br>
                    条款 31：尽可能实现短小简洁的函数<br>
                    条款 32：尽可能实现小尺寸、高内聚的程序集<br>
                    条款 33：限制类型的可见性<br>
                    条款 34：创建大粒度的 Web API<br>
                    第 5 章 使用框架<br>
                    条款 35：重写优于事件处理器<br>
                    条款 36：合理使用.NET 运行时诊断<br>
                    条款 37：使用标准配置机制<br>
                    条款 38：定制和支持数据绑定<br>
                    条款 39：使用.NET 验证<br>
                    条款 40：根据需要选用恰当的集合<br>
                    条款 41：DataSet 优于自定义结构<br>
                    条款 42：利用特性简化反射<br>
                    条款 43：避免过度使用反射<br>
                    条款 44：为应用程序创建特定的异常类<br>第 6 章 杂项讨论<br>
                    条款 45：优先选择强异常安全保证<br>
                    条款 46：最小化互操作<br>
                    条款 47：优先选择安全代码<br>
                    条款 48：掌握相关工具与资源<br>
                    条款 49：为 C# 2.0 做准备<br>
                    条款 50：了解 ECMA 标准<br>索引</p>
                </div>
            </div>
        </div>
```

6.4.3 登录页 XHTML 总体结构

登录页效果如图 6-26 所示。

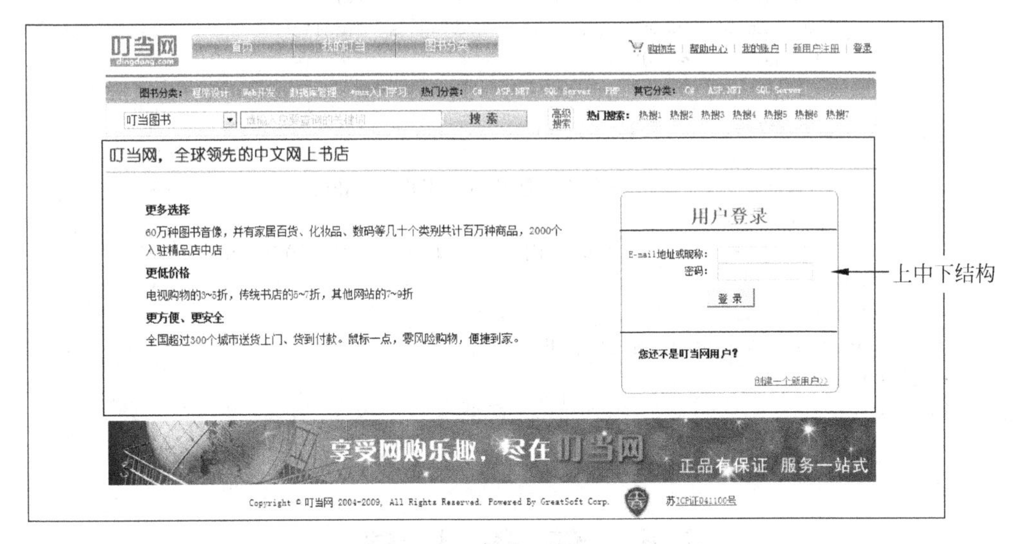

图 6-26 登录页效果

从图 6-26 可以看出，登录页中间部分可以分为左、右两块。左边可以通过 ul、li 或者 p、h*n* 实现；右边考虑到整个外边有一个圆角边框，所以要将右边分成上中下结构，这样才能实现圆角效果。XHTML 代码如下：

```
<div class="yposition">
    <img src="images/login-left1.gif" hspace="10" vspace="10">
</div>
<!--登录-->
<div class="h">
    <div class="login-left">
        <ul>
          <li class="b">更多选择</li>
          <li>60 万种图书音像,并有家居百货、化妆品、数码等几十个类别共计百万种商品,
              2000 个入驻精品店中店</li>
          <li class="b">更低价格</li>
          <li>电视购物的 3~5 折,传统书店的 5~7 折,其他网站的 7~9 折</li>
          <li class="b">更方便、更安全</li>
          <li>全国超过 300 个城市送货上门、货到付款。鼠标一点,零风险购物,便捷到家。
             </li>
        </ul>
    </div>
    <div class="login-right">
        <div class="login-top"></div>                  <!--上-->
        <div class="login-mid">                        <!--中-->
```

```
        <div class="notice">用户登录</div>
        <div class="main">E-mail 地址或昵称:
          <input name="username" type="text" class="inp1">
          <br>
          <span style="padding-left:66px;">密码: </span>
          <input name="paw" type="password" class="inp1">
          <div class="login-dl">
            <input name="dl" type="submit" value="登 录" class="login-submit">
          </div>
        </div>
        <div class="login-end">您还不是叮当网用户?</div>        <!--下-->
        <div align="right">
            <a href="register.html">创建一个新用户>></A>  
        </div>
        </div>
      <div class="login-bottom"></div>
    </div>
</div>
```

6.5 任务小结

通过本任务的学习和实现,Bill 已经基本了解和掌握了如何用 XHTML 的不同标签来实现网页效果的布局。可能刚开始你看到一个页面对该使用哪个标签还有些犹豫,但经过后期的大量的练习你肯定能达到熟能生巧的程度。加油吧!

6.6 能力评估

1. 比较 div 标签与 span 标签的不同。
2. 简述 a 标签的几种链接效果。
3. 简述 input 标签的几种属性。
4. img 标签、a 标签、form 标签分别有什么属性是必需的?

任务 7 “叮当网上书店”购物车页整体结构

在任务 6 中，Bill 完成了“叮当网上书店”首页整体结构设计，掌握了一些常用标签的应用，并完成了“图书分类页、图书详细页、图书登录页 3 个页面的制作。按照任务 6 的知识和技巧来制作“叮当网上书店”购物车页面时会发现有一些困难和烦恼：这么多的数据字段要进行排列显示，用 DIV 或者 Span 来布局时有些烦琐。那么有没有一种针对这种大数据量展示的布局标签呢？本任务中，Bill 将使用 table 标签来进行模块布局。

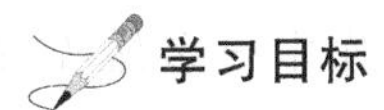

学习目标

(1) 理解掌握表格标签的使用。

(2) 掌握细线表格的制作方法。

7.1 任务描述

如图 7-1 所示，购物车页主要由头部、主体和底部 3 部分组成。头部和底部与首页相同，本任务主要通过表格标签（table、th、tr、td）完成中间主体部分的制作。

图 7-1 购物车页效果图

7.2 相关知识

table 在 Web 2.0 以前是很多网页设计师的首选布局标签，由于用表格布局存在页面结构比较复杂、页面模块比较呆板、灵活性和复用性不够等缺点。因此，在 Web 2.0 以后，大部分网页设计师开始采用 DIV 进行布局，因为 DIV 布局可以弥补表格布局的缺点，使网页设计更加灵活，且可以复用，因此便于网站的开发和维护。

但是，不是说采用了 DIV 布局后就把表格布局就完全摒弃。两者各有所长，比如本任务中的购物车页面就是一个用表格布局比用 DIV 布局更加简单、轻松的经典案例。因为本页面的设计是一个大数据量的展示页面，如果采用 DIV 布局，会让设计者感觉到非常麻烦，后续的 CSS 设计也非常烦琐。因此，针对这样大数据量展示的页面设计，一般采用 DIV 和表格结合进行布局，两者相辅相成。另外，一般网页设计中，针对 UI 的设计，也多采用 table 标签来进行模块的局部布局。读者在以后的学习和工作中要多加练习，深刻理解。

7.2.1 table、tr、th 和 td 标签

1. 表格示意图

如图 7-2 所示，table 表示表格，tr 表示行，th 或 td 表示单元格。

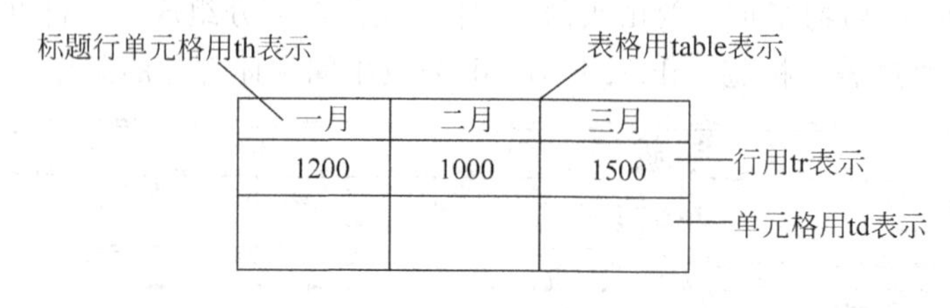

图 7-2 表格示意图

2. table 标签的基本结构

table 标签的基本结构如下：

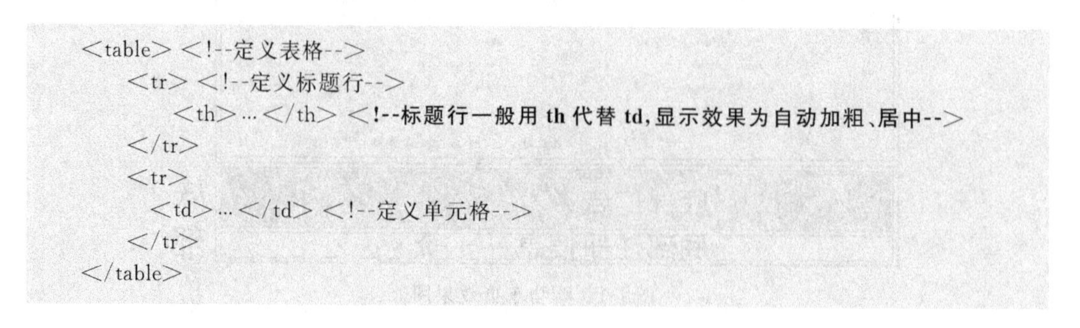

```
<table> <!--定义表格-->
    <tr> <!--定义标题行-->
        <th>…</th> <!--标题行一般用 th 代替 td,显示效果为自动加粗、居中-->
    </tr>
    <tr>
      <td>…</td> <!--定义单元格-->
    </tr>
</table>
```

(1) table标签：定义一个表格。每一个表格只有一对<table>…</table>，一个页面中可以有多个表格。

(2) tr标签：定义表格的行。一个表格可以有多行，所以tr对于一个表格来说不是唯一的。

(3) th、td标签：定义表格的一个单元格。每行可以有不同数量的单元格，在<td>和</td>之间是单元格的具体内容。一般标题行用th代替td，显示效果为自动加粗、居中。

注意：上述的元素必须而且只能够配对使用。缺少任何一个元素，都无法定义出一个表格。

3. 表格的属性

在XHTML中常用的表格的属性如表7-1所示。

表7-1 XHTML中常用的表格的属性

属　性	描　　述
width	指定表格或某一个表格单元格的宽度。单位可以是百分比或者像素
height	指定表格或某一个表格单元格的高度，单位可以是百分比或者像素
border	表格边线粗细，border=0表示没有边框
cellspacing	单元格间距
cellpadding	单元格边距
colspan	表示当前单元格跨越几列
rowspan	表示当前单元格跨越几行
align	指定表格或某一个单元格中的内容(文本、图片等)的水平对齐方式
valign	指定某一个单元格中的内容(文本、图片等)的垂直对齐方式。垂直对齐方式的属性值包括：top——顶端对齐；middle——居中对齐；bottom——底端对齐；baseline——相对于基线对齐

7.2.2 thead、tbody和tfoot标签

通常可以将表格分成3个部分：表头、主体和脚注，分别用thead、tbody、tfoot来标注。thead指明表格的表头部分，用来放标题之类的内容；tbody指明表格的主体部分，用来放数据体；tfoot指明表格的脚注部分。在浏览器解析页面代码时，表格是作为一个整体解析的，使用tbody可以将表格分段解析显示，而不用等整个表格都下载完成后再显示。

示例代码结构如下：

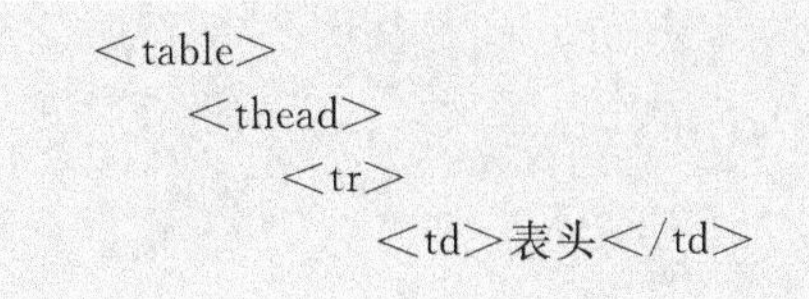

```
<table>
    <thead>
        <tr>
            <td>表头</td>
```

```
        </tr>
    </thead>
    <tbody>
        <tr>
            <td>表体</td>
        </tr>
    </tbody>
    <tfoot>
        <tr>
            <td>表脚</td>
        </tr>
    </tfoot>
</table>
```

7.3 任务实现

7.3.1 购物车主体部分整体结构

购物车主体部分效果如图 7-3 所示。整个购物车主体部分可将其分为 4 块,分别为标题 shoppingtitle、表头 shoppingtabletop、中间表格区 shoppingtablecenter 和底部 shoppingtablefooter。代码如下:

```
<div id="main">
    <div class="shoppingtitle">…</div>
    <div class="shoppingtabletop">…</div>
    <div class="shoppingtablecenter">…</div>
    <div class="shoppingtablefooter"></div>
</div>
```

7.3.2 标题 shoppingtitle 结构

标题 shoppingtitle 的效果如图 7-4 所示。

shoppingtitle 部分由“我的购物车”和“您选好的商品:”两段文字构成,采用 span 标签实现。代码如下:

```
<div class="shoppingtitle">
    <span class="myshoppingcar">我的购物车</span>
    <span class="myproducts">您选好的商品:</span>
</div>
```

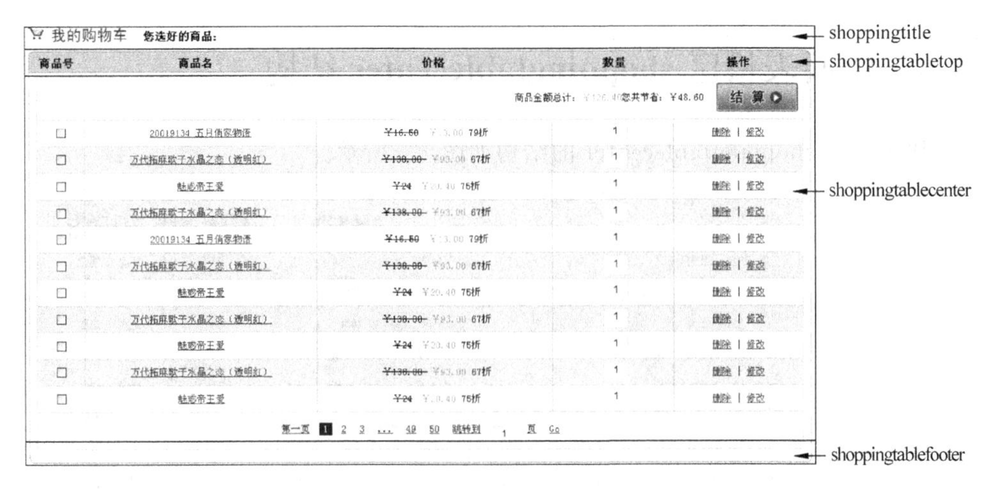

图 7-3 购物车主体部分效果图

我的购物车 您选好的商品:

图 7-4 标题 shoppingtitle 的效果

7.3.3 表头 shoppingtabletop 结构

表头 shoppingtabletop 的效果如图 7-5 所示。

图 7-5 表头 shoppingtabletop 的效果

表头 shoppingtabletop 部分由 1 行 5 列的表格构成，采用 table、thead、tr、th 标签实现。

XHTML 代码如下：

```
<div class="shoppingtabletop">
    <table>
        <thead>
            <tr>
                <th class="firsttd">商品号</th>
                <th class="secondtd">商品名</th>
                <th class="threetd">价格</th>
                <th class="fourtd">数量</th>
                <th class="fivetd">操作</th>
            </tr>
        </thead>
    </table>
</div>
```

7.3.4 中间表格区 shoppingtablecenter 结构

细线表格区 shoppingtablecenter 的结构如图 7-6 所示。

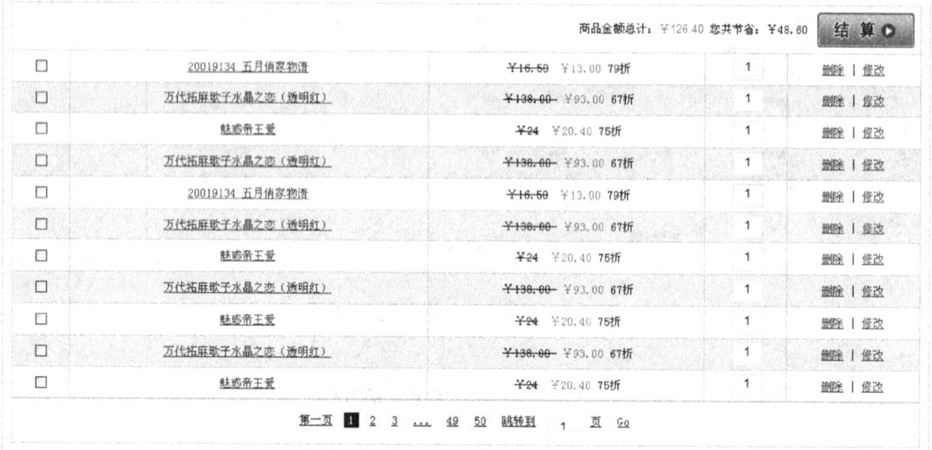

商品金额总计：￥126.40 您共节省：￥48.60 结 算				
□	20019134 五月俏家物语	~~￥16.50~~ ￥13.00 79折	1	删除 | 修改
□	万代拓麻歌子水晶之恋（透明红）	~~￥138.00~~ ￥93.00 67折	1	删除 | 修改
□	魅惑帝王爱	~~￥24~~ ￥20.40 75折	1	删除 | 修改
□	万代拓麻歌子水晶之恋（透明红）	~~￥138.00~~ ￥93.00 67折	1	删除 | 修改
□	20019134 五月俏家物语	~~￥16.50~~ ￥13.00 79折	1	删除 | 修改
□	万代拓麻歌子水晶之恋（透明红）	~~￥138.00~~ ￥93.00 67折	1	删除 | 修改
□	魅惑帝王爱	~~￥24~~ ￥20.40 75折	1	删除 | 修改
□	万代拓麻歌子水晶之恋（透明红）	~~￥138.00~~ ￥93.00 67折	1	删除 | 修改
□	魅惑帝王爱	~~￥24~~ ￥20.40 75折	1	删除 | 修改
□	万代拓麻歌子水晶之恋（透明红）	~~￥138.00~~ ￥93.00 67折	1	删除 | 修改
□	魅惑帝王爱	~~￥24~~ ￥20.40 75折	1	删除 | 修改
第一页 1 2 3 ... 49 50 跳转到 1 页 Go				

图 7-6　中间表格区 shoppingtablecenter 的结构

整个中间部分有左、右两条蓝色细线，采用 CSS 设置图片背景实现。内部是一个 11 行 5 列的细线表格，表格内部由表单，超链接文字等构成。

XHTML 代码如下：

```
<div class="shoppingtablecenter">
    <table border="0" cellspacing="0" cellpadding="0" class="mycartable">
    <!--在 table 中将表格边框及单元格边距及间距都设置为 0 -->
        <tbody>
            <tr>
                <td colspan="5" class="firsttrtd">商品金额总计:
                    <span class="more">￥126.40</span> 您共节省: ￥48.60
                    <input name="tj" type="submit" value="" class="balancebtn">
                </td>            <!--采用 colspan 合并列单元格 -->
            </tr>
            <tr>
                <td class="firsttd">
                    <input type="checkbox" name="choice" value=""/>
                </td>
                <td class="secondtd">
                    <a href="product.html">20019134 五月俏家物语</a>
                </td>
                <td class="threetd">
                    <font class="line-middle">￥16.50</font>
                    <font class="more">￥13.00</font> 79 折
```

```
            </td>
            <td class="fourtd">
                <input name="shop1" type="text" class="input1" value="1">
            </td>
            <td class="fivetd">
                <a href="product.html">删除</a> |
                <a href="product.html">修改</a>
            </td>
        </tr>
        <tr class="oushutrtd">    <!--将行设置 class 类实现隔行背景效果-->
            <td>
              <input type="checkbox" name="choice" value=""/>
            </td>
            <td class="alignleft">
              <a href="product.html">万代拓麻歌子水晶之恋(透明红)</a>
            </td>
            <td>
              <font class="line-middle">¥138.00 </font>
              <font class="more">¥93.00</font> 67 折
            </td>
            <td>
              <input name="shop2" type="text" class="input1" value="1">
            </td>
            <td>
              <a href="product.html">删除</a> |
              <a href="product.html">修改</a>
            </td>
        </tr>
        <tr>
            <td>
              <input type="checkbox" name="choice" value=""/>
            </td>
            <td>
              <a href="product.html">魅惑帝王爱</a>
            </td>
            <td>
              <font class="line-middle">¥24</font>
              <font class="more">¥20.40</font> 75 折
            </td>
            <td>
              <input name="shop3" type="text" class="input1" value="1">
            </td>
            <td>
              <a href="product.html">删除</a> |
              <a href="product.html">修改</a>
            </td>
        </tr>
        <tr class="oushutrtd">
```

```
            <td>
              <input type="checkbox" name="choice" value=""/>
            </td>
            <td>
              <a href="product.html">万代拓麻歌子水晶之恋(透明红)</a>
            </td>
            <td>
              <font class="line-middle">￥138.00 </font>
              <font class="more">￥93.00</font> 67 折
            </td>
            <td>
              <input name="shop2" type="text" class="input1" value="1">
            </td>
            <td>
              <a href="product.html">删除</a> |
              <a href="product.html">修改</a>
            </td>
        </tr>
        <tr>
            <td>
              <input type="checkbox" name="choice" value=""/>
            </td>
            <td>
              <a href="product.html">20019134 五月俏家物语</a>
            </td>
            <td>
              <font class="line-middle">￥16.50</font>
              <font class="more">￥13.00</font> 79 折
            </td>
            <td>
              <input name="shop1" type="text" class="input1" value="1">
            </td>
            <td>
              <a href="product.html">删除</a> |
              <a href="product.html">修改</a>
            </td>
        </tr>
        <tr class="oushutrtd">
            <td>
              <input type="checkbox" name="choice" value=""/>
            </td>
            <td>
              <a href="product.html">万代拓麻歌子水晶之恋(透明红)</a>
            </td>
            <td>
              <font class="line-middle">￥138.00 </font>
              <font class="more">￥93.00</font> 67 折
            </td>
```

```
        <td>
          <input name="shop2" type="text" class="input1" value="1">
        </td>
        <td>
          <a href="product.html">删除</a> |
          <a href="product.html">修改</a>
        </td>
    </tr>
    <tr>
        <td>
          <input type="checkbox" name="choice" value=""/>
        </td>
        <td>
          <a href="product.html">魅惑帝王爱</a>
        </td>
        <td>
          <font class="line-middle">¥24</font>
          <font class="more">¥20.40</font> 75 折
        </td>
        <td>
          <input name="shop3" type="text" class="input1" value="1">
        </td>
        <td>
          <a href="product.html">删除</a> |
          <a href="product.html">修改</a>
        </td>
    </tr>
    <tr class="oushutrtd">
        <td>
        <input type="checkbox" name="choice" value=""/>
        </td>
        <td>
            <a href="product.html">万代拓麻歌子水晶之恋(透明红)</a>
            </td>
        <td>
            <font class="line-middle">¥138.00 </font>
            <font class="more">¥93.00</font> 67 折
        </td>
        <td>
            <input name="shop2" type="text" class="input1" value="1">
        </td>
        <td>
            <a href="product.html">删除</a> |
            <a href="product.html">修改</a>
        </td>
    </tr>
    <tr>
        <td>
```

```
                <input type="checkbox" name="choice" value=""/>
            </td>
            <td>
                <a href="product.html">魅惑帝王爱</a>
            </td>
            <td>
                <font class="line-middle">¥24</font>
                <font class="more">¥20.40</font> 75 折
            </td>
            <td>
                <input name="shop3" type="text" class="input1" value="1">
            </td>
            <td>
                <a href="product.html">删除</a> |
                <a href="product.html">修改</a>
            </td>
        </tr>
        <tr class="oushutrtd">
            <td>
                <input type="checkbox" name="choice" value=""/>
            </td>
            <td>
                <a href="product.html">万代拓麻歌子水晶之恋(透明红)</a>
            </td>
            <td>
                <font class="line-middle">¥138.00 </font>
                <font class="more">¥93.00</font> 67 折
            </td>
            <td>
                <input name="shop2" type="text" class="input1" value="1">
            </td>
            <td>
                <a href="product.html">删除</a> |
                <a href="product.html">修改</a>
            </td>
        </tr>
        <tr>
            <td>
                <input type="checkbox" name="choice" value=""/>
            </td>
            <td>
                <a href="product.html">魅惑帝王爱</a>
            </td>
            <td>
                <font class="line-middle">¥24</font>
                <font class="more">¥20.40</font> 75 折
            </td>
            <td>
```

```
                <input name="shop3" type="text" class="input1" value="1">
            </td>
            <td>
                <a href="product.html">删除</a> |
                <a href="product.html">修改</a>
            </td>
        </tr>
    </tbody>
    <tfoot>
        <tr>
            <td colspan="5">
                <div class="pages">
                    <a href="#" class="num">第一页</a>
                    <span class="num_now">1</span>
                    <a href="#" class="num">2</a>
                    <a href="#" class="num">3</a>...
                    <a href="#" class="num">49</a>
                    <a href="#" class="num">50</a>
                    <a href="#" class="num">最后一页</a>跳转到  
                    <input type="text" class="tiaozhuan" value="1" />
                     页  <a href="#" class="golink">Go</a>
                </div>
            </td>
        </tr>
    </tfoot>
  </table>
</div>
```

7.3.5 底部 shoppingtablefooter 结构

如图 7-3 所示，底部 shoppingtablefooter 为圆角背景图片，这里只须写出块结构即可，在 CSS 中通过设置背景图片效果实现。

XHTML 代码如下：

```
<div class="shoppingtablefooter"></div>
```

7.4 任务拓展

7.4.1 注册页 XHTML 总体结构

注册页的效果如图 7-7 所示。

从图 7-7 可以看出，注册页与购物车页的不同处在中间部分。按照表格布局的原则，

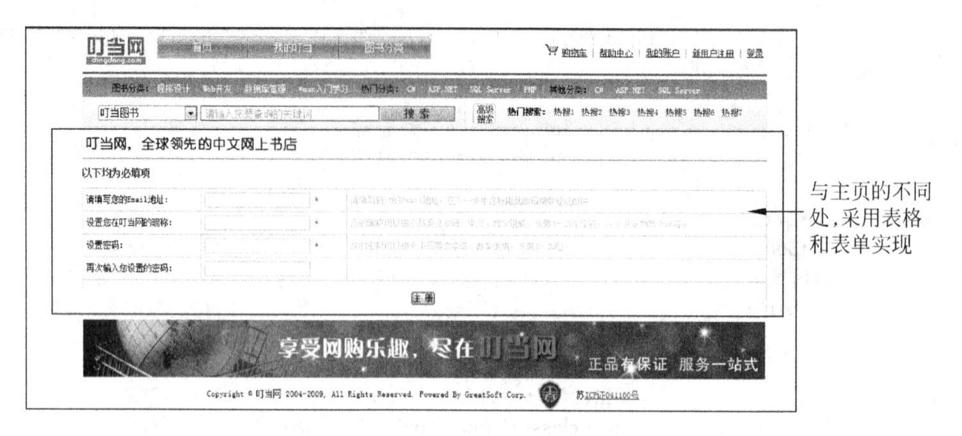

图 7-7　注册页效果图

注册页也采用表格来进行布局。整个中间部分采用 form、table、tr、td 标签来实现。

XHTL 代码如下：

```
<div class="yposition"><img src="images/login-left1.gif" hspace="10" vspace="10">
</div>
  <!--设置表格-->
  <div id="middle">
      <form  id="registerform" action="#" method="post">
        <table width="100%" border="0" cellspacing="0"cellpadding="0"
              align="center">
          <tr>
            <td style=" font-size:14px;color:#ff0000;font-weight:bold;" height="30">
            以下均为必填项</td>
          </tr>
          <tr>
            <td><table width="100%" border="0" cellspacing="0"
                cellpadding="0" id="shop_table">
                <tr>
                  <td><font color="#FF0000">*</font>请填写您的 E-mail 地址：</td>
                  <td class="registerinputtd"><input name="email" id="email"
                      type="text" class="inp">
                      <label class="required" for="email"></label></td>
                  <td class="c">请填写有效的 E-mail 地址，在下一步中您将用此邮箱接收
                          验证邮件。</td>
                </tr>
                <tr>
                  <td><font color="#FF0000">*</font>设置您在叮当网的昵称：</td>
                  <td class="registerinputtd"><input name="username" id="username"
                      type="text" class="inp">
                      <label class="required" for="username"></label></td>
                  <td class="c">您的昵称可以由小写英文字母、数字组成，长度 4～20 个字
                          符。</td>
                </tr>
                <tr>
```

```
            <td><font color="#FF0000">*</font>设置密码: </td>
            <td class="registerinputtd">
              <input name="pwd" id="pwd" type="password" class="inp">
              <label class="required" for="pwd"></label></td>
            <td class="c">您的密码可以由大小写英文字母、数字组成,长度 6~
                         20 位。</td>
          </tr>
          <tr>
            <td>再次输入您设置的密码: </td>
            <td class="registerinputtd">
              <input name="repwd" id="repwd" type="password" class="inp">
              <label class="required" for="repwd"></label></td>
            <td class="c"> </td>
          </tr>
          <tr>
            <td colspan="3" height="40" align="center"><input name="B1" type
              ="submit" value="注 册" class="submit"></td>
          </tr>
        </table></td>
      </tr>
    </table>
  </form>
 </div>
</div>
```

7.4.2 登录页 XHTML 总体结构

从图 7-8 可以看出,登录页分为左、右两部分。左边采用 ul/li 结构设计;右边外框线分为 login-top、login-mid、login-end 三部分,login-mid 块中的内容可采用表格也可采用 DIV 设置。

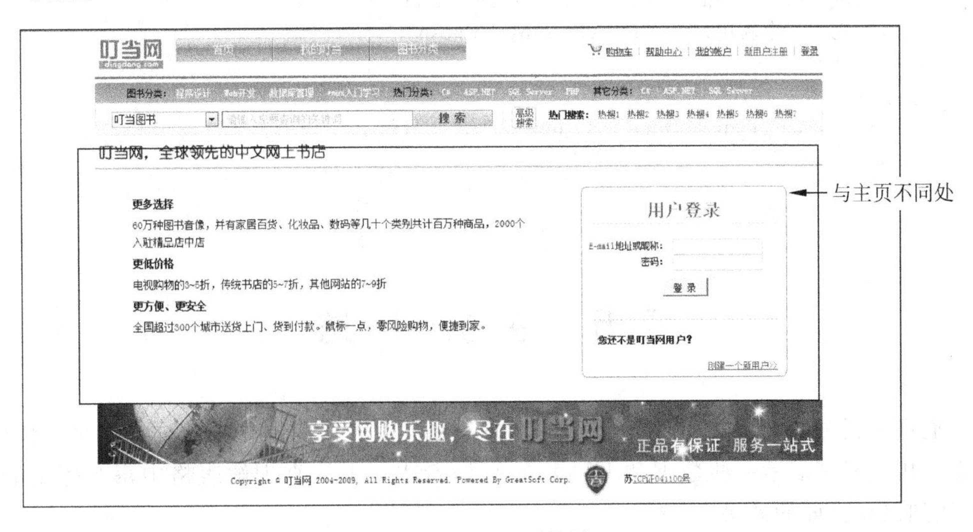

图 7-8 登录页效果

XHTL 代码如下：

```
<div class="yposition"><img src="images/login-left1.gif" hspace="10" vspace="10">
</div>
<!--登录 B-->
<div class="h">
  <div class="login-left">
  <ul>
      <li class="b">更多选择</li>
      <li>60 万种图书音像,并有家居百货、化妆品、数码等几十个类别共计百万种商品,
          2000 个入驻精品店中店</li>
      <li class="b">更低价格</li>
      <li>电视购物的 3~5 折,传统书店的 5~7 折,其他网站的 7~9 折</li>
      <li class="b">更方便、更安全</li>
      <li>全国超过 300 个城市送货上门、货到付款。鼠标一点,零风险购物,便捷到家。</li>
    </ul>
  </div>
  <div class="login-right">
    <div class="login-top"></div>
    <div class="login-mid">
      <div class="notice">用户登录</div>
      <div class="main">E-mail 地址或昵称:
        <input name="username" type="text" class="inp1">
        <br>
        <span style="padding-left:66px;">密码: </span>
        <input name="paw" type="password" class="inp1">
        <div class="login-dl">
          <input name="dl" type="submit" value="登 录" class="login-submit">
        </div>
      </div>
      <div class="login-end">您还不是叮当网用户?</div>
      <div align="right"><A href="register.html">
        创建一个新用户>></A>  
      </div>
    </div>
    <div class="login-bottom"></div>
  </div>
</div>
```

7.5 任务小结

通过本任务的学习和实践,Bill 已经掌握了网页中表格的制作方法。在网页制作中,经常会用表格来展示一些数据和 UI 设计效果,希望大家认真理解表格中每个标签的作用,达到以点概面的效果。

7.6 能力评估

1. 简述 table、th、tr、td 标签的作用。
2. 简述 thead、tbody、tfoot 标签的作用。
3. 单元格跨行和跨列的属性和值分别如何表示？放在代码的什么位置？

第三阶段

网站的效果设计

任务8 “叮当网上书店”页面布局与定位

到现在为止，Bill已经按照设计稿，使用XHTML语言对“叮当网上书店”中所有页面的结构框架进行了设计。我们从一开始就强调Web标准充分体现了结构与表现相分离，网页中的表现就是指网页中的样式。因此从任务7开始，Bill就要按照设计稿使用CSS样式表对所有页面的样式进行控制，实现最终效果。本任务主要针对网页的整体结构进行布局和定位。

学习目标

(1) 熟练掌握CSS样式表应用到XHTML页面的方法。

(2) 熟练掌握CSS选择器的使用。

(3) 熟练掌握CSS声明方式。

(4) 理解盒子模型的概念和应用。

(5) 理解文档流的概念。

(6) 理解浮动定位和清除的使用。

(7) 理解相对定位和绝对定位的概念。

8.1 任务描述

任务6实施完成后，首页的结构如图8-1所示(由于篇幅有限只截取其中一部分)。

根据设计稿的要求，首页有985像素的宽度，页面居中显示。头部navlink区中的图片、链接按钮、链接文字3部分需要横向排列。首页中部的左、中、右3部分也需要横向排列。下面要使用外部CSS样式表进行布局，突破文档流的限制。通过本任务的实施，首页的最终效果如图8-2所示。

8.2 相关知识

本任务讲解CSS样式的结构、CSS样式应用到XHMTL页面中的方法、模块定位与布局。

叮当网
dingdang.com
购物车 | 帮助中心 | 我的账户 | 新用户注册 | 登录

- 首页
- 我的叮当
- 图书分类

图书分类：程序设计|Web开发|数据库管理|Linux入门管理|热门搜索：C#|ASP.NET|SQL Server|PHP|其他分类：C#|ASP.NET|SQL Server
叮当图书 请输入要查询的关键词 搜索
高级
搜索
热门搜索：热搜1热搜2热搜3热搜4热搜5热搜6热搜7
图书

- 新书推荐
- C#
- .NET
- ASP.NET
- VBScript
- C/C++/VC++
- CSS/DIV

品牌出版社

- 贵州人民出版社
- 清华大学出版社
- 机械工业出版社
- 电子工业出版社
- 浙江大学出版社
- 邮电出版社
- 上海文艺出版社

用户登录
E-mail地址或者昵称：
密码：
登录
您还不是叮当网用户？
创建新用户>>
点击排行 Top 10

图 8-1　首页原始框架效果

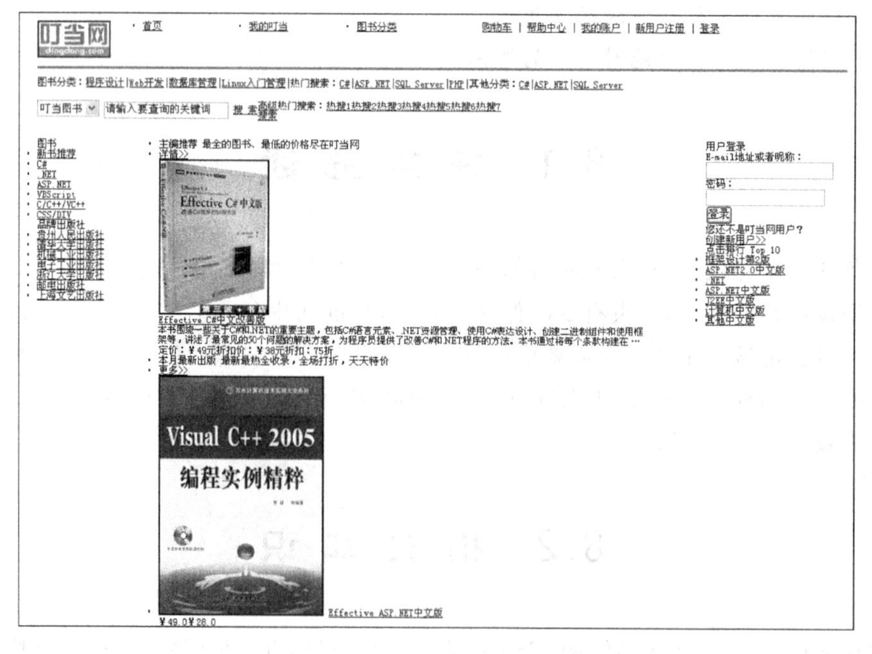

图 8-2　首页整体布局最终效果图

8.2.1 CSS 样式表

CSS(Cascading Style Sheet,层叠样式表)是一种用于控制网页样式并允许将样式信息与网页内容分离的置标语言。

CSS 的作用是定义网页的外观(如字体、颜色等),它也可以结合 JavaScript 等浏览器端脚本语言做出许多动态的效果。

1. CSS 语法结构

CSS 语法由 3 部分构成:选择器(selector)、属性(property)和值(value)。选择器指样式编码中要针对的对象;属性是 CSS 样式的控制核心,对于每个选择器,CSS 都提供了丰富的样式属性,如浮动方式、大小、颜色等;值指的是属性的值,有两种形式,一种是指定范围的值,另一种为数值。结构如下:

```
selector {
    property1:value1;
    property2:value2;
    ...
}
```

常用的选择器有三种类型。

(1) 标记选择器。标记选择器是标记选择器是指以网页中已有的 XHTML 标签名作为名称的选择器,该样式定义后本文档所有该标签都会自动应用。例如:

```
h1 {
    color:#fff;
    font-size:25px;
}
```

(2) 类选择器。用户在进行结构设计时,可根据需要为多个 XHTML 标签使用 class 自定义名称,例如:

```
<div class="new"></div>
<p class="new"></p>
<h3 class="new"></h3>
```

CSS 可以直接根据类名进行样式定义,方法为使用点号加上类名称。该标记定义后需要手动应用。例如:

```
.new {
    background-color:#ccc;
```

```
    font-size:14px;
}
```

(3) id 选择器。id 选择器是根据 DOM 文档对象模型原理而产生的一类选择器。每个标签均可以使用 id=""的形式对 id 属性进行指定。例如：

```
<div id="container"></div>
```

id 选择器使用#加上 id 名称的形式定义。该样式定义后本文档中该 id 名称会自动应用。例如：

```
#container {
    font-size:14px;
    width:100%;
}
```

提示：在网页中，id 名称具有唯一性。id 选择器的作用就是对每个页面中唯一出现的元素进行定义，而且只能使用一次。类选择器的好处是，无论是什么 XHTML 标签，页面中所有使用了同一个 class 的标签均可使用此样式。即"定义一次，使用多次"，不再需要对每个标签编写样式代码。

从选择器的优先级上看，id 选择器的优先级最高，然后是类别选择器，优先级最低的是标签选择器。了解选择器优先级能够帮助用户优化 CSS 样式代码。

2. CSS 声明

(1) 集体声明

除了可以对单个对象指定样式外，也可以对一组对象进行相同样式指派。这样做的好处是，对页面中需要使用相同样式的地方，只须书写一次样式，从而减少代码量，改善代码结构。例如：

```
#one, .special {
    text-decoration:underline;
}
h1,h2,h3,h4,h5,p {
    color:puple;
}
```

(2) 全局声明

使用"*"通配符可用模糊指定的方式对对象进行选择，可表示所有对象，包含 id 及 class 的 XHTML 标签。使用方法如下：

```
* {
    margin:0;
```

```
    padding:0;
}
```

(3) CSS样式的嵌套

当只对某个对象的子对象进行样式设置时，就需要使用样式的嵌套。样式的嵌套指选择器组合中前一个对象包含后一个对象，对象之间使用空格作为分隔符。

```
p span {
    color:#ccc;
    text-decoration:underline;
}
```

不仅可以实现二级嵌套，也可以多级嵌套。例如：

```
.mycar a img{
    border:none;
}
```

8.2.2 应用CSS到网页中

1. 行间样式表

行间样式表是指将CSS样式编写在XHTML标签之中。例如：

```
<h1 style="font-family:"宋体", Arial;color:#000;">
    Effective C#中文版改善C#程序的50种方法
</h1>
```

行间样式表由XHTML元素的style属性所支持，只须要将CSS代码用分号隔开书写在style=""之中即可。

但笔者极力反对这种做法。行间样式表仅仅是XHTML标签对style属性的支持，并不符合表现与内容分离的设计原则。

2. 内部样式表

内部样式表与行间样式表的相似之处在于，它们都是将CSS写在页面中；不同的是，内部样式表作为页面一个单独的部分，使用style标签定位在head标签中。例如：

```
<!DOCTYPE html PUBLIC "-//W3C//DTD XHTML 1.0 Transitional//EN"
"http://www.w3.org/TR/xhtml1/DTD/xhtml1-transitional.dtd">
<html xmlns="http://www.w3.org/1999/xhtml">
<head>
```

```
<meta http-equiv="Content-Type" content="text/html; charset=utf-8" />
<title>叮当网上书店</title>
<style type="text/css">
  body {
   font-family:"宋体", Arial;
   font-size:12px;
   color:#000000;
  }
  #searcher {
   width:100%;
   height:68px;
   margin:0 0 7px 0;
  }
</style>
</head>
```

3. 外部样式表

外部样式表是 CSS 应用中最好的一种形式。它将 CSS 代码单独放在一个外部文件中，再由网页进行调用。多个网页可以调用同一个样式表文件，这样能够实现代码最大限度的重用及网站文件的最优化配置，这是笔者推荐的编码方式。例如：

```
<!DOCTYPE html PUBLIC "-//W3C//DTD XHTML 1.0 Transitional//EN"
"http://www.w3.org/TR/xhtml1/DTD/xhtml1-transitional.dtd">
<html xmlns="http://www.w3.org/1999/xhtml">
<head>
   <meta http-equiv="Content-Type" content="text/html; charset=utf-8" />
   <link rel="stylesheet" type="text/css" href="css/top.css" />
   <link rel="stylesheet" type="text/css" href="css/indexmain.css" />
   <link rel="stylesheet" type="text/css" href="css/foot.css" />
   <title>叮当网上书店</title>
</head>
```

在页面中应用 CSS 的主要目的是实现良好的网站的文件及样式管理，这种分离式的结构有助于用户合理划分 CSS 与 XHTML，做到表现与结构的分离。

4. 应用位置优先级

从样式写入的位置来看，其优先级依次如下。

(1) 行内样式表。

(2) 内部样式表。

(3) 外部样式表。

也就是说，使用 style 属性定义在 XHTML 标签之中的样式，优先于写在 style 标签内的样式定义，最后才是对外部样式表的应用。

8.2.3 盒子模型

盒子模型（Box Model）是 CSS 的核心，现代 Web 布局设计简单地说就是一堆盒子的排列与嵌套。掌握了盒子模型与它们的摆放控制，会发现再复杂的页面也不过如此。

1. 盒子模型的概念

在设计网页时，传统的表格布局网页已经被使用 DIV 和 CSS 共同布局网页、设定网页样式的形式所代替。改用 CSS 排版后，由 CSS 定义的大小不一的盒子和盒子嵌套来布局网页。盒子模型是指把 DIV 布局中的每一个元素当作一个盒状物，无论布局如何，它们都是几个盒子相互贴近显示，浏览器通过分析这些盒状物的大小和浮动方式来判断下一个盒状物是贴近显示还是在下一行显示，还是其他显示方式。从前面对“叮当网上书店”的介绍中可以看到，该网站的大块布局就是由 #container、#banner 这样的盒子通过或上下、或左右、或包含的关系构成，如图 8-3 所示。

2. 盒子模型的细节

为了让我们的布局更细致，更具有可控性，在盒子模设计中，CSS 除了内容宽度外，还提供了内边距（padding）、外边距（margin）、边框（border）3 个属性，用于控制盒子对象的显示细节。在 CSS 中，定义盒子四周样式时，按照顺时针的方式，即上、右、下、左，如图 8-4 所示。

在内容区外面，依次围绕着 padding 区、border 区和 margin 区。通过盒子模型，可以为内容设置边界、留白以及边距。盒子模型最典型的应用是这样的：我们有一些内容，可以为这些内容设置一个边框，为了让内容不至于紧挨着边框，可以设置 padding；为了让这个盒子不至于和别的盒子靠得太紧，可以设置 margin。

3. 内边距 padding 和外边距 margin 的使用格式

（1）为 4 个方向设置同一值，例如：

```
#main{
    padding:10px;
    margin:5px;
}
```

以上代码表示将对象的 4 个方向的内边距都设置为 10px，外边距设置为 5px。

图 8-3　叮当网首页整体结构

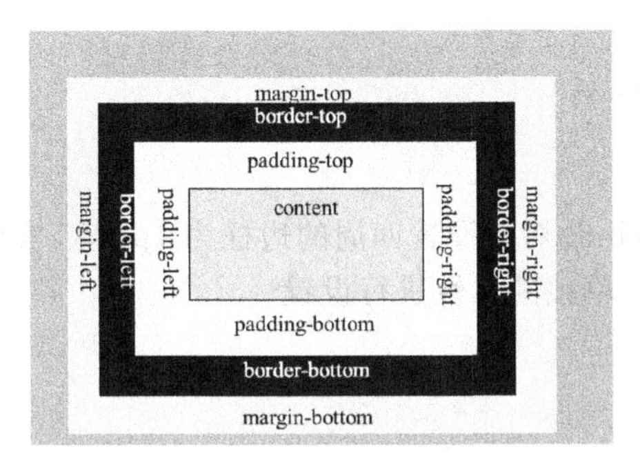

图 8-4 盒子模型细节

(2) 设置上、下为同一个值,左、右也为一个值,例如:

```
#main{
    padding:10px 5px;
    margin:5px 2px;
}
```

以上代码表示将该对象的上、下方向内边距设置为 10px,左、右内边距设置为 5px;上、下外边距设置为 5px,左、右外边距设置为 2px。两个值之间用空格隔开。

(3) 设置左、右为同一个值,上、下为不同的值,例如:

```
#main{
    padding:5px 10px 15px;
    margin:5px 2px 1px;
}
```

以上代码表示将该对象的内边距设置为上 5px、右 10px、下 15px,左因为缺省与右相等,为 10px;将外边距设置为上 5px、右 2px、下 1px,左因为缺省与右相等,为 2px。

(4) 如果设置 4 个方向的值都不同,就分别写出 4 个值,中间用空格隔开。

也可以使用下列单独的属性,分别设置 padding 和 margin 的上、右、下、左边距。

① padding-top。

② padding-right。

③ padding-bottom。

④ padding-left。

⑤ margin-top。

⑥ margin-right。

⑦ margin-bottom。

⑧ margin-left。

4. 边框 border

每个边框有 3 种属性:宽度、样式和颜色。可以使用 border 属性一次性定义,例如:

```
.navlink {
    border:1px solid #ccc;
}
```

以上代码表示为 navlink 对象设置四周的边框为 1px 宽、实线、颜色为#ccc。

也可以分别使用 3 个单独的属性进行设置。

(1) border-color。

(2) border-style。

(3) border-width。

如果希望为对象的某一个边设置边框，而不是为 4 个边都设置边框样式，可以使用下面的单边边框属性。

(1) border-top。

(2) border-right。

(3) border-bottom。

(4) border-left。

同样也可以使用单边的 3 个单独属性进行设置，例如：

```
.top{
    border-top-style:solid;
    border-right-width:2px;
    boder-left-color:red;
}
```

注意：在进行不同浏览器测试时，IE 6 和其他主流浏览器对盒子模型有不同的解释，这个不同解释表现在盒子的尺寸上。图 8-5 所示是两种类型的浏览器对盒子尺寸的不同解释。可以看出，IE 6 盒子模型中，盒子的尺寸包含了内容区、padding、border 和 margin 这 4 个部分；而 W3C 的盒子模型中，盒子的尺寸只包含内容区，即 padding、border 和 margin 被排除在盒子尺寸之外。

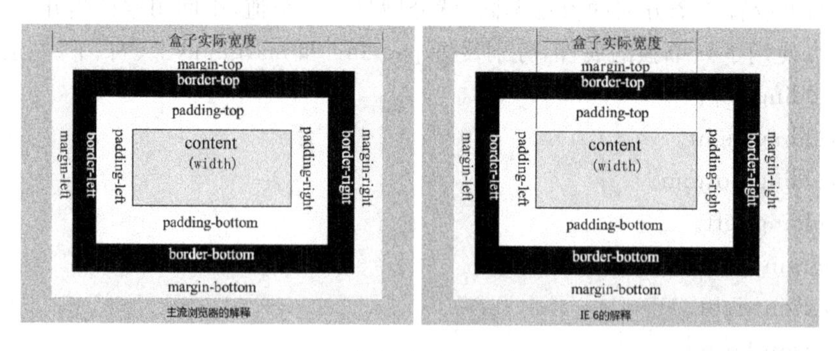

图 8-5 不同浏览器对盒子模型的解释

主流浏览器实际宽度 = 左边界 + 左边框 + 左填充 + 内容宽度(width) + 右填充 + 右边框 + 右边界

IE 6 实际宽度 = 内容宽度(width)

提示：在计算两个对象的间距时，有一个特殊情况，就是上、下两个对象的间距问题。当上、下两个对象都有 margin 属性时，总是以较大值为准，这是 CSS 设计的空白边叠加规则。但是一旦为某个元素设置了 float 属性，它们将不再进行空白边叠加。同时，设为浮动状态时，在 IE 6 浏览器下对象的左、右 margin 会加倍，可以通过设置对象的 display: inline 来解决。

8.2.4 浮动布局

浮动是 CSS 中重要的规则，大部分网页采用浮动来达到分栏效果。

1. 文档流

文档流是浏览器解析网页的一个重要概念，对于一个 XHTML 网页，body 元素中的任意元素，根据其前后顺序，组成了一个个上下关系，这便是文档流。文档流根据这些元素的顺序去显示它们在网页之中的位置。文档流是浏览器默认的显示原则。

每个非浮动块级元素都独占一行，比如 XHTML 中的 div、p，这些块级元素本身占据一行的显示空间，而且其后的元素也需另起一行显示。

内联元素不占一行，多个内联元素可在同一行显示，比如 XHTML 中的 a、span 标签。块级元素可以包含内联元素和其他块级元素。

2. 浮动定位

浮动定位的目的是打破默认的文档流的显示规则，按照用户需要的布局进行显示。用户可以利用 float 属性来进行浮动定位。float 属性有 3 个值，如表 8-1 所示。

表 8-1 float 属性

属性	描　述	可用值
float	用于设置对象是否浮动显示，并设置具体的浮动方式	none left right

float 值为 none 时表示对象不浮动。比如当对象向左浮动后，对象的右侧将空出区域，以便剩下的文档流能够贴在右侧，如图 8-6 所示。简单地说，当需要网站有较强的分辨率及内容大小适应能力时，就需要采用浮动定位。浮动定位主要是针对非固定类型网页进行设计的。以下 3 种情况就需要考虑使用浮动定位。

(1) 居中布局。

(2) 横向宽度根据百分比缩放。

(3) 需要借助 margin、padding、border 等属性。

提示：在 3 个元素同时向左或者向右浮动时，能否产生横向连排的效果取决于窗口的大小以及元素的占位。如图 8-7 所示，如果外层盒子变小或者本身元素变大，由于空间不够，右侧的元素可能移至下一行显示。还有一种情况，由于左侧元素过高，导致右侧元素无法移动到第二排最左侧。

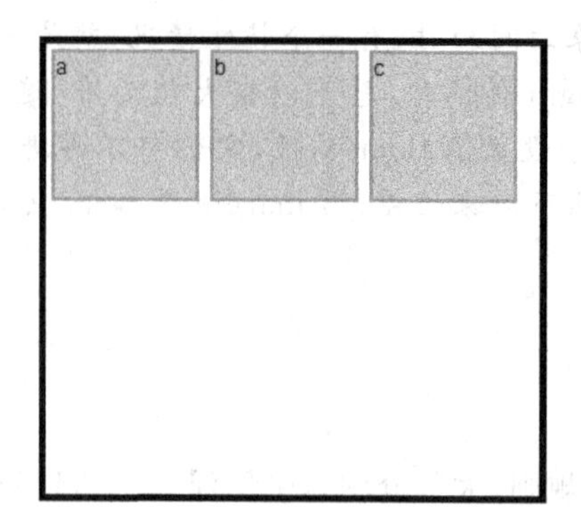

图 8-6　浮动定位

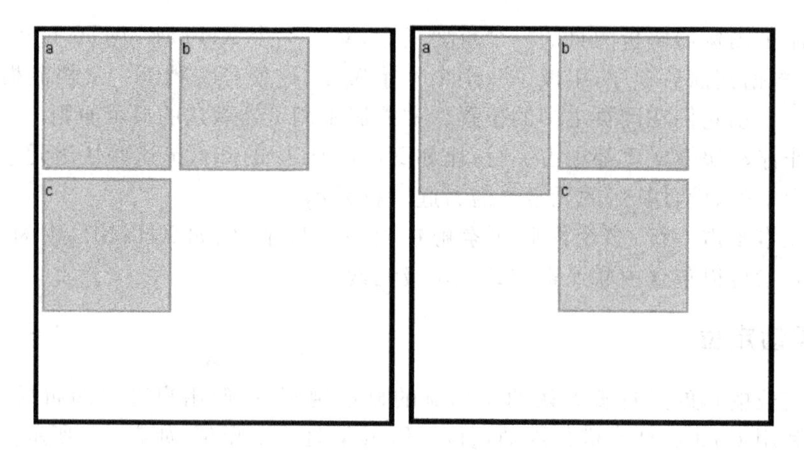

图 8-7　无法浮动情况

3. 浮动的清理

清理是浮动中的另一个有用的工具。例如，当 a、b 两个框向左浮动时，导致了 a、b、c 3 块浮动式排列，如图 8-8 所示。如果不希望 c 继续浮动，便可以使用 clear 属性拒绝对象向某个方向浮动，效果如图 8-9 所示。

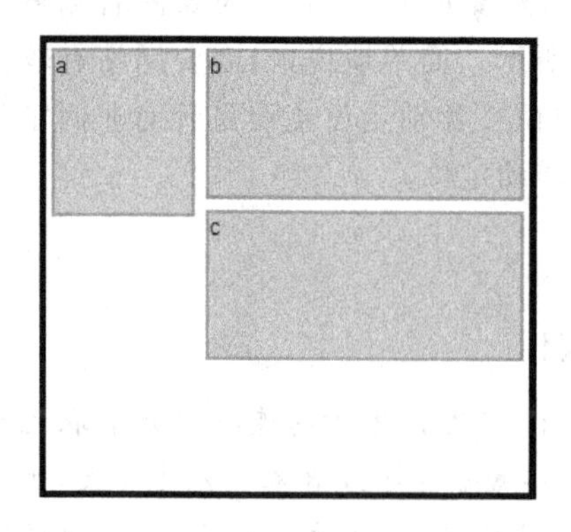

图 8-8　3 块浮动

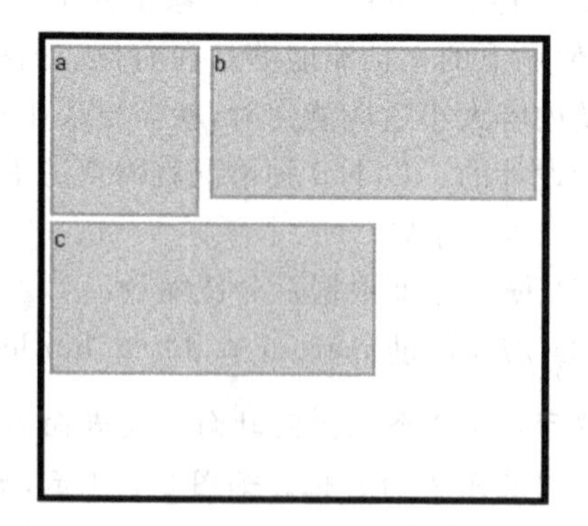

图 8-9　浮动清理

清理浮动的方法有两种。以图 8-9 为例，第一种方法是为 c 框设置 clear：left 属性，以拒绝对象向左侧浮动，这样它就不再继续浮动，而转移到第二行显示。

另一种用法是，当需要另起一行时，可以制作一个空 div 标签，使用 clear：both 属性将它的左、右浮动都拒绝。这个空 div 之后的任意元素都不会受到上面对象浮动所产生的影响，起到清理浮动的作用。因此，会在行业网站制作时，若对模块采用浮动布局，由于浮动后，当前的模块会脱离文档流，后续的模块会延续文档流进行显示，导致页面结构产生显示差异。为确保模块浮动后，保证后续的模块能够按照原先文档流的显示顺序，一般都采用在浮动模块的父盒子结束前，加入一个<div class="clear"></div>来解决这个问题。class="clear"的 CSS 样式代码如下：

```
.clear{clear:both;margin:0;padding:0;}
```

8.2.5 定位布局

定位布局的语法如下：

```
position:static|absolute|fixed|relative
```

从定位的语法可以看出，定位的方法有很多种，分别是静态（static）、绝对定位（absolute）、固定（fixed）、相对定位（relative）。下面主要讲解最常用也是最实用的两种定位方法：绝对定位（absolute）和相对定位（relative）。

1. 绝对定位

要实现绝对定位，可指定 position 属性的值为 absolute。绝对定位使对象脱离文档流，再为 left、right、top、bottom 等属性设置相应的值，使其相对于其最接近的一个有定位设置的父级对象进行绝对定位；如果对象的父级没有设置定位属性，即还是遵循 HTML 定位规则，可依据 body 对象左上角作为参考进行定位。绝对定位对象可层叠，层叠顺序可通过 z-index 属性控制。z-index 的值为无单位的整数，大的在最上面，可以是负值。

2. 相对定位

要实现相对定位，可指定 position 属性的值为 relative。使用相对定位时，对象不可层叠，依据 left、right、top、bottom 等属性在正常文档流中偏移自身位置。同样可以用 z-index 分层设计。相对定位一个最大特点是：自己通过定位设置偏移后还会占用着原来的位置，不会让给它周围的诸如文档流之类的对象。相对定位也比较独立，它只以自己本身所在位置偏移。

8.3 任务实施

“叮当网上书店”的每个页面的布局与定位设计分 5 个步骤：将样式表应用到网页；页面的整体布局和样式设计；头部布局与定位设计；中部布局与定位设计；底部布局与定位设计。

8.3.1 首页布局与定位

1. 新建 CSS 样式表文件，应用到首页中

（1）使用 Dreamweaver 打开站点，选择“文件”|“新建”命令，在弹出的对话框中选择“空白页”|CSS 选项，单击“创建”按钮，如图 8-10 所示。

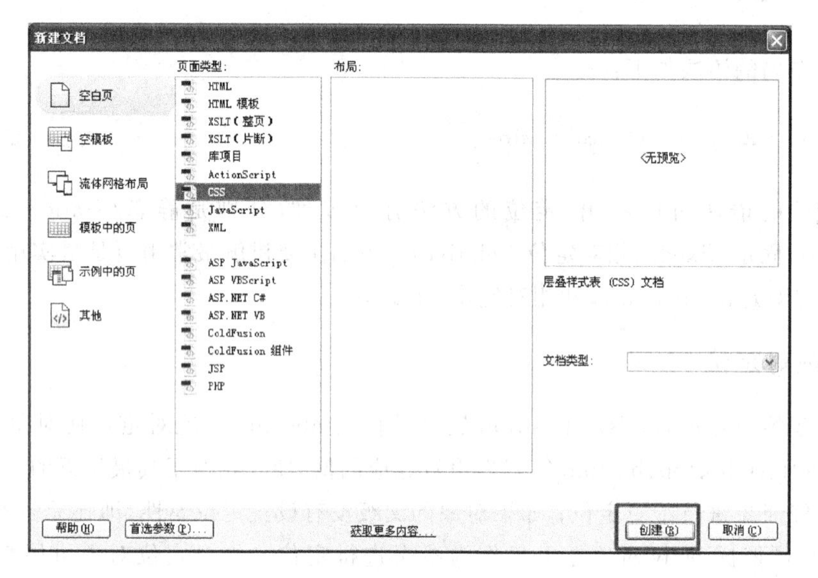

图 8-10　新建外部 CSS 样式表

（2）按 Ctrl+S 键，将文件保存在站点的 css 文件夹中，并命名 global.css。

（3）参照步骤(1)～(2)，再新建 3 个 CSS 文件，分别命名为 header.css、footer.css 和 indexmain.css。

（4）打开 index.html，在 head 标签中输入应用外部样式表的代码。

XHTML 代码如下：

```
<link href="css/global.css" rel="stylesheet" type="text/css" />
<link href="css/header.css" rel="stylesheet" type="text/css" />
<link href="css/footer.css" rel="stylesheet" type="text/css" />
<link href="css/indexmain.css" rel="stylesheet" type="text/css" />
```

2. 首页整体布局和样式

打开 global. css，设置整体布局和样式。

CSS 代码如下：

```
* {
    margin:0;
    padding:0;
}
/* 全网页固定宽度及居中 */
#container {
    width:985px;
    margin:0 auto;
}
#header {
    width:100%;
}
#main {
    width:100%;
}
#footer {
    width:100%;
    margin-top:20px;
}
```

3. 首页头部布局与定位

(1) 打开 header. css，在这里首先需要设定头部的总体宽度，并设置 navlink 区域和 search 区域的宽度、高度和盒子模型的细节。

CSS 代码如下：

```
.navlink {
    width:100%;
    margin:0 0 5px 0;          /* 定义 navlink 区域的下方外边距 */
    padding:10px 0;            /* 定义 navlink 区域的上、下内边距 */
    height:40px;
    /* 重新定义 Logo 下面的绿色横线和离下面的边距 */
    border-bottom:3px solid #06A87F;
}
.search {
    width:100%;
    height:68px;
    margin:0 0 7px 0;          /* 定义 search 区域的下方外边距 */
}
```

(2) 设置 navlink 区域 navlink_logo、navlink_right、navlink_center 的左中右横向布局，这里使用浮动完成。

CSS 代码如下：

```
.navlink_logo{
    float:left;                          /* Logo 图片区域向左浮动 */
    width:130px;
}
.navlink_right{
    float:right;                         /* 快速链接区域向右浮动 */
    width:442px;
}
.navlink_center{
    float:left;                          /* 导航区域向左浮动 */
    width:410px;
}
```

(3) search 区域需要另起一行，需要使用浮动的清理。

CSS 代码如下：

```
.clear{
    clear:both;
}
```

(4) 设置 seacher_top 部分的布局与定位。

CSS 代码如下：

```
.seacher_top {
    height:27px;
}
```

提示：

(1) 这里使用 float 将 XHTML 对象进行浮动定位。navlink_center 中的列表 li 也可以通过设置 float:left 样式，将 3 个竖向列表项以横向显示，宽度和高度分别为 131px 和 31px。

(2) searcher_bottom 区域中 bottomform、bottomimglink、bottomlinkwords 的横向排列也可以使用 float 完成。

完成后，头部布局和定位的效果，如图 8-11 所示。

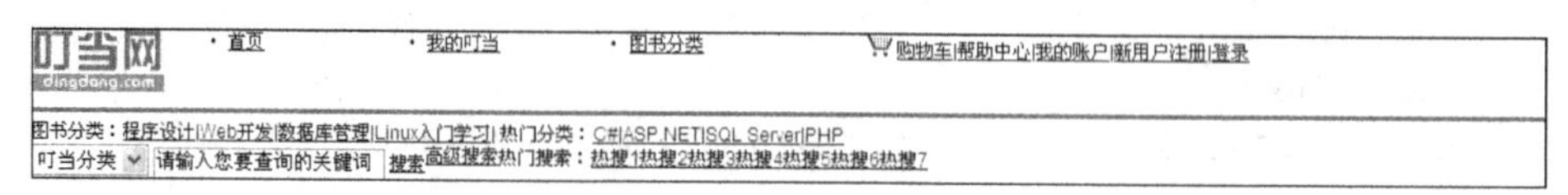

图 8-11 头部布局和定位效果

4. 首页中部布局与定位

中部 main 部分包含 3 部分，分别为 main_left、main_right、main_center，这 3 部分需要横向分布。中部的所有样式都写在 indexmain. css 文件中。

CSS 代码如下：

```
.main_left {
    float: left;
    width: 150px;
}
.main_right {
    float:right;
    width:170px;
}
.main_center {
    float:left;
    width:665px;
}
```

完成后的效果如图 8-12 所示。

图 8-12 中部布局与定位

5. 首页底部布局与定位

首页底部的所有样式都写在 footer. css 文件中。

CSS 代码如下：

```
.footer_bottom {
    height:50px;
}
.footer_bottom img {
    margin:0 10px;
}
```

8.3.2 图书分类页布局与定位

1. 图书分类页整体布局

因为图书分类页的整体布局、头部和底部的布局与定位与首页相同，因此可以直接使用 global. css、header. css 和 footer. css 3 个样式表文件。打开 class. html，在 head 标签中输入应用外部样式表的代码。

CSS 代码如下：

```
<link href="css/global.css" rel="stylesheet" type="text/css" />
<link href="css/header.css" rel="stylesheet" type="text/css" />
<link href="css/footer.css" rel="stylesheet" type="text/css" />
```

2. 图书分类页主体部分布局与定位

新建 classmain. css 样式表文件，将其应用到 class. html 中。打开 classmain. css 文件，进行图书分类页主体部分布局与定位。它主要分成两块，一个是所在位置部分，另一个是分类主体部分。

（1）所在位置区域布局样式。

CSS 代码如下：

```
.yposition{
    width:980px;
    height:29px;
    padding:12px 0 0 5px;
    margin:0 auto;
    clear:both;
}
```

(2) 分类主体部分主要包括左侧列表区域和右侧分类信息区域，这两个区域左、右横向放置，因此还是使用浮动来完成。

CSS 代码如下：

```
.book{
    width:985px;
    margin:0 auto;
    background:#fff;
    padding:0 0 5px 0;
}
.book_left{
    width:150px;
    padding:5px 0px 0px 0px;
    float:left;
}
.class_wrap {
    width:810px;
    float:right;
    padding-top:5px;
}
```

完成后的效果如图 8-13 所示。

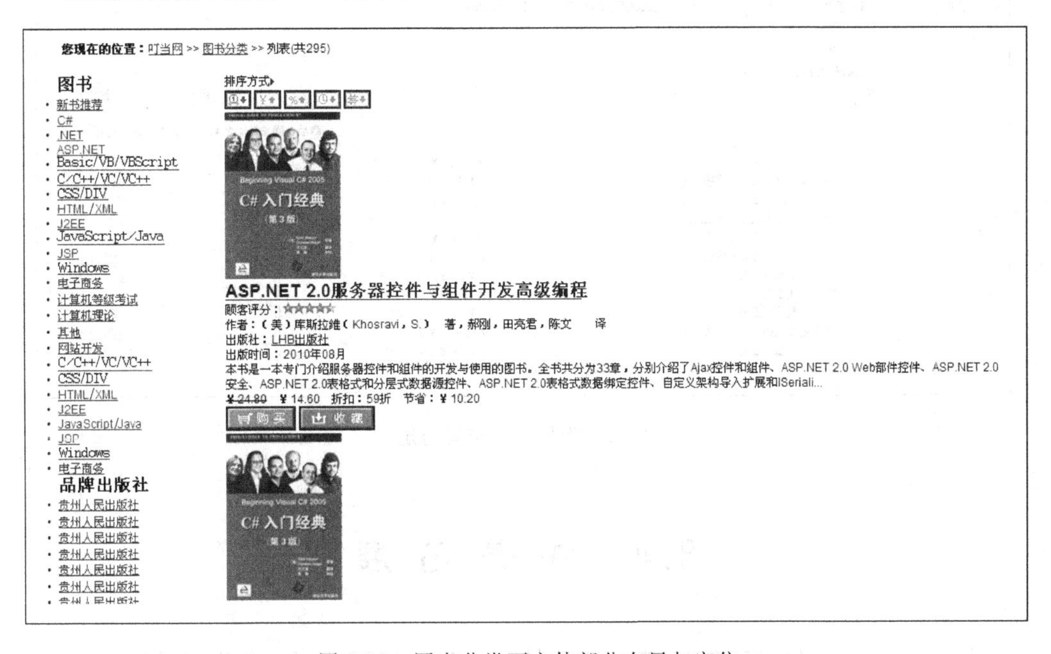

图 8-13 图书分类页主体部分布局与定位

8.3.3 购物车页布局与定位

购物车页具有和首页头部、底部一样的布局和定位效果，因此在该页面中要应用这两个样式表文件。购物车页的主体部分主要是由表格完成布局的，需要新建样式表文件shopmain.css，单独编写相关样式代码。

购物车主体部分没有左右浮动，而且是由表格完成的，布局比较固定，因此只须对所在位置区域的布局和定位进行设置。

CSS代码如下：

```
.yposition{
    width:980px;
    padding:12px 0 0 5px;
    margin:0 auto;
    clear:both;
}
```

完成后的效果如图8-14所示。

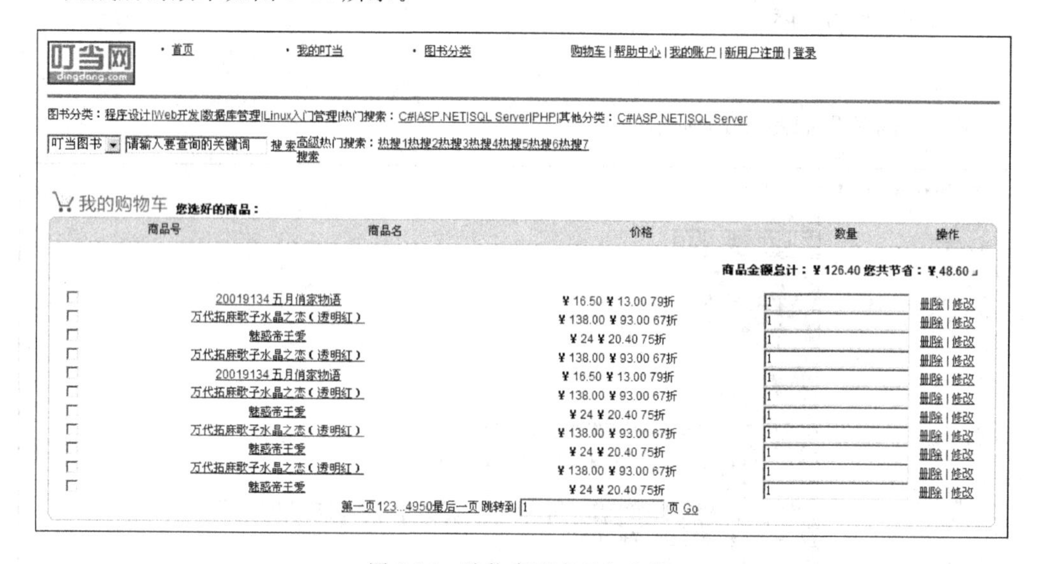

图8-14 购物车页布局与定位

8.4 任务拓展

本任务重点介绍CSS样式的基本语法结构、盒子模型的概念，以及利用CSS样式进行布局和定位的相关知识和技能。通过本任务的实施，完成了首页、图书分类页和购物车页的布局和定位，读者能够基本掌握CSS样式文件的写法以及布局和定位的方法。下面要独立完成以下相关效果，以熟练掌握本任务的相关知识和技能。

（1）图书详细页的布局与定位效果如图 8-15 所示。

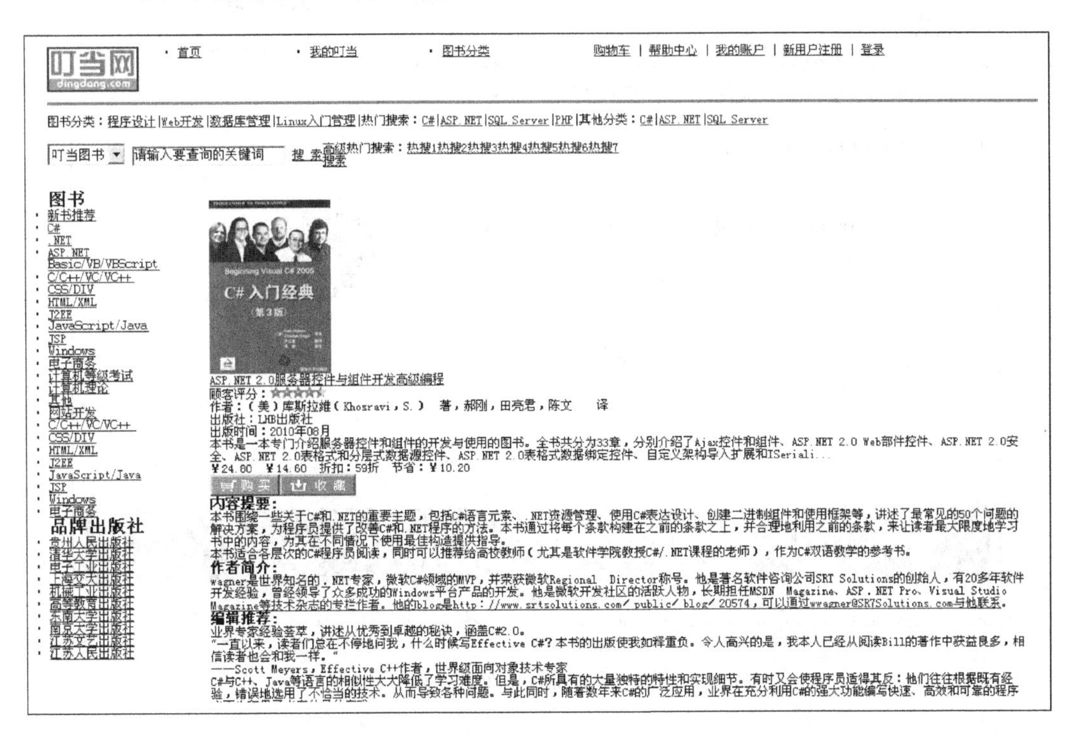

图 8-15 图书详细页的定位与布局效果

（2）注册页布局与定位，效果如图 8-16 所示。

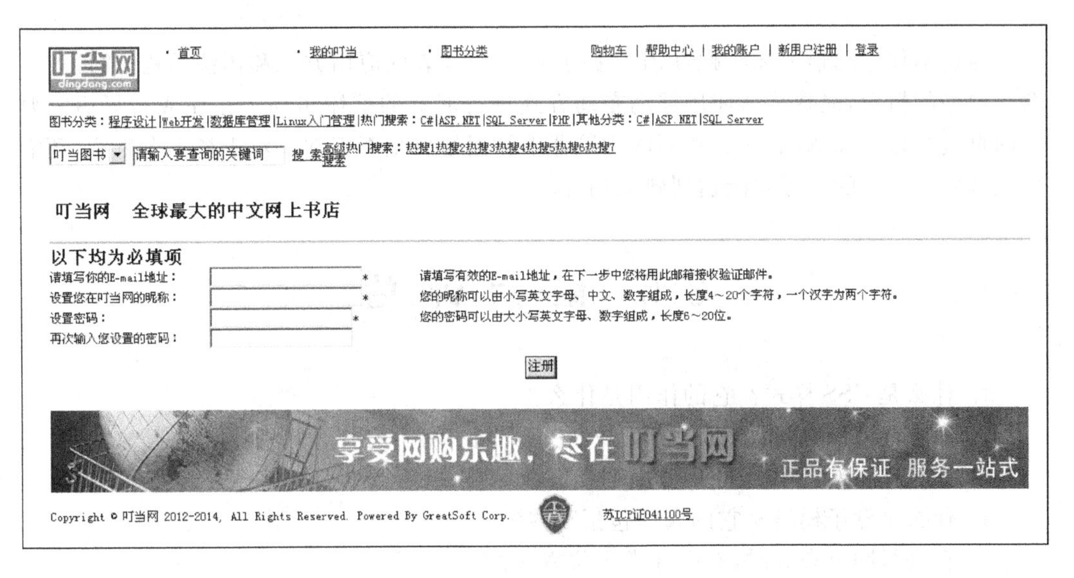

图 8-16 注册页布局效果

(3) 登录页的布局与定位效果如图 8-17 所示。

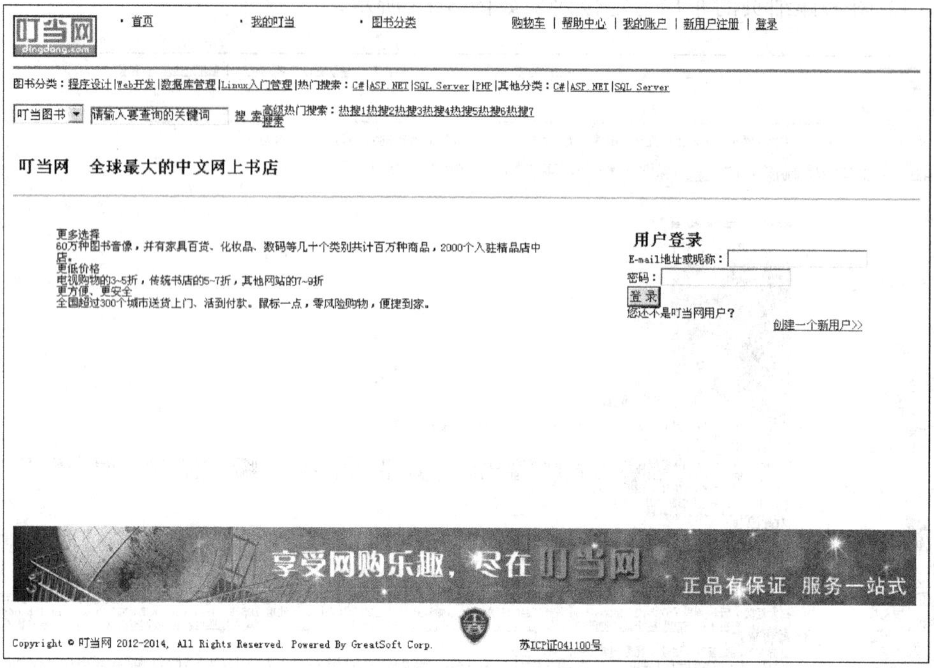

图 8-17　登录页布局效果

8.5　任务小结

通过本任务的学习和实践,Bill 掌握了 CSS 样式表的应用方式和语法结构,并理解了盒子模型的概念,能熟练地使用浮动布局方式进行网页的整体布局。在完成布局后需要对网页进行兼容性测试,测试在不同浏览器下页面效果是否正常。对于初学者来说,还需要经过后期大量的练习才能达到熟练的程度。

8.6　能力评估

1. 什么是 CSS 样式?它的作用是什么?
2. CSS 样式的选择器有哪些类型?它们如何书写?有什么区别?
3. 如何进行 CSS 样式的集体声明和嵌套声明?
4. 什么是盒子模型?它的属性包括哪些?
5. 在进行网页布局时,有哪 3 类定位方式?
6. margin 属性细分为哪些属性?应按照什么顺序设置?
7. 什么是文档流?浮动后的文档流如何显示?

任务9 “叮当网上书店”首页 navlink区样式

通过任务8的实施，Bill已经按照原先的设计稿完成了“叮当网上书店”所有页面的整体布局和定位。接下来Bill要按照设计稿自上至下分步实现首页的最终样式，通过CSS样式知识的学习和技能的实践，确保“叮当网上书店”项目的按期完成。

学习目标

(1) 理解掌握使用列表元素样式实现各种列表效果。

(2) 理解掌握背景图片、背景颜色的样式效果。

(3) 理解掌握文本及段落的样式效果。

(4) 理解掌握超链接及伪类的样式效果。

9.1 任务描述

首页navlink区主要有3个模块，分别是Logo、导航菜单和用户快速导航。原始效果如图9-1所示。

图9-1 navlink区原始效果

本任务主要通过边框(border)、浮动(float)、列表元素(ul和li)、背景(background)、超链接(a)、文本及段落(h*n*和p)等样式的学习和制作设计，实现“叮当网上书店”首页navlink区样式最终效果，如图9-2和9-3所示。

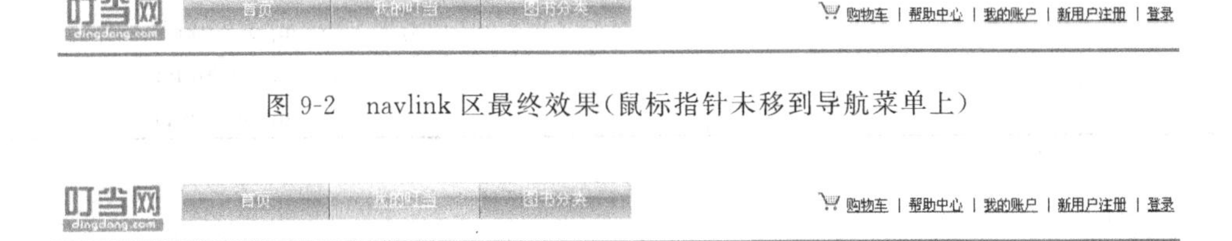

图9-2 navlink区最终效果(鼠标指针未移到导航菜单上)

图9-3 navlink区最终效果(鼠标指针移到“我的叮当”导航菜单项上)

9.2 相关知识

边框(border)、浮动(float)是任务 8 中盒子模型的知识点，本任务不再详细介绍。通过以上两个样式的控制(已知 navlink 区底部边框颜色为 #06a87f)，navlink 区完成的效果如图 9-4 所示。

图 9-4　边框与浮动样式控制后效果

9.2.1 使用列表元素

在 XHTML 中，列表元素有 ui(无序列表)和 ol(有序列表)之分。列表元素中的列表项，是由 li 控制的。对于本任务中导航菜单中的列表，首先要解决列表的默认符号和序号。在 CSS 样式表中，列表的元素常用属性如表 9-1 所示。

表 9-1　列表元素的常用属性

属　　性	描　　述	可　用　值
list-style	设置列表的属性	list-style-type list-style-position list-style-image
list-style-image	设置图片作为列表项目符号	none url
list-style-position	设置项目符号的放置位置	inside outside
list-style-type	设置项目符号的默认样式	none disc circle square decimal lower-roman upper-roman lower-alpha upper-alpha

9.2.2 背景控制

通过网站图片素材的设计，结合本任务的导航菜单的最终效果，可以分析得出，导航菜单的 3 个背景图片都是不一样的，分别是左边圆角背景图、中间矩形背景图和右边圆角背景图，而背景图片的尺寸大小是一致的，都是 131px×31px。因此，先需要将 3 个导航菜单项 li 的宽（width）、高（height）设置为 131px 和 31px。在 CSS 中，背景常用的属性如表 9-2 所示。

表 9-2 背景常用的属性

属性	描述	可用值
background-attachment	设置背景图的滚动方式，可以为固定或者随内容滚动	scroll fixed
background-color	设置背景颜色	color-rgb color-hex color-name transparent
background-img	设置背景图片	url none
background-position	设置背景图片的位置	top left top center top right center left center center center right bottom left bottom center bottom right x-% y-% x-pos y-pos
background-repeat	设置背景图片的平铺方式	repeat repeat-x repeat-y no-repeat

注：背景图片可用值的 URL 必须为图片的相对路径。

提示：在网站开发中，项目中所有的路径都采用相对路径。

9.2.3 文本与段落样式

文字是网页中的重要元素，在每个网站中，文字占 90%左右的页面内容。对于导航、列表元素而言，文字需要设计得符合导航及列表的需求，醒目、清晰、易于操作。对于大篇幅的文章段落而言，段落中的文字也需要进行合理排版与组合，以便用户阅读。

CSS 支持的字体样式主要包括字体、字号、颜色等基本属性，以及对其他字体的微调控制方式。在 CSS 中，文本常用的属性如表 9-3 所示。

表 9-3 文本的常用属性

属 性	描 述	可 用 值
color	设置文字的颜色	color
font-family	设置文字名称，可以使用多个名称，或者使用逗号分隔，浏览器按照先后顺序依次使用可用字体	font-name
font-size	设置文字的尺寸	px %
font-style	设置文字样式	nomal italic oblique
font-weight	设置文字加错样式	normal bold
text-transform	设置英文文本的大小写方式	none capitalize uppercase lowercase
text-decoration	设置文本的下划线	none underline line-through overline

在 Web 2.0 中，网站文本字体默认是中文宋体，英文是基于 Serif 分类的 Times New Roman，大小默认是 12px。也由于某些原因，并非 CSS 对文本字体的所有属性都能产生作用。

网站中的最终内容一般都将以文本段落的形式呈现给用户，无论是平面排版还是网络排版，段落排版都具有某些相同属性与特征。CSS 在段落的控制方面有相当丰富的样式属性。在 CSS 中，段落常用的属性如表 9-4 所示。

表 9-4 段落的常用属性

属 性	描 述	可 用 值
line-height	设置对象中文本的行高	normal length
letter-spacing	设置对象中文字的间距	nomal length
word-spacing	设置对象中单词之间的间距	normal length
text-indent	设置对象中首行文字的缩进值	normal length

续表

属　性	描　　述	可　用　值
vertical-align	设置对象中内容的垂直对齐方式	auto top text-top middle bottom text-bottom
text-align	设置对象中文本的对齐方式	left right center justify
layout-flow	设置对象中文本的排版方式：横向或纵向排版	horizontal vertical-ideographic
white-space	设置对象中文本的换行方式。使用break-all时允许词间进行换行	normal break-all keep-all
word-break	设置对象中空格字符的处理方式。使用nowarp方式时，将强制文本不换行，除非遇到 标签	normal pre nowarp
word-warp	使用break-work时，如果内容超过其容器的边界则发生换行	normal break-word
overflow	当对象中的内容超过对象显示范围时，对象本身进行控制	visible auto hidden scroll

这里并没有完全列举CSS段落控制的所有属性，CSS对段落的样式控制相当丰富，但由于中英文排版上的差异，在这些属性中，部分样式或其取值可能没有显示效果，这时可以检查该样式是否对中文或者英文同时起作用。

在实际应用中，一般采用设置文本容器的高度(height)和行高(line-height)相同的值来达到文本在容器中垂直居中对齐，而不采用vertical-align:middle。

9.2.4　超链接样式控制

整个网站的内容都是由超链接链接起来的。无论从首页到每个频道，还是进入其他网站，都是由无数超链接来实现页面跳转。CSS对超链接的样式控制是通过4个伪类来实现的，每个伪类用于控制超链接的一种状态的样式。在CSS中，超链接的4个伪类如表9-5所示。

表 9-5　超链接的 4 个伪类

伪　类	用　　途
a:link	设置超链接对象未被访问的样式
a:visited	设置超链接对象被访问后的样式
a:active	设置超链接鼠标左键按下时的样式
a:hover	设置超链接在鼠标指针移上时的样式

在实际应用中，有时为了编码上的简单，我们经常直接使用 a 而不是 a:link 来编写样式编码，尽管有时候它们的最终效果完全相同。如果超链接访问前和访问后效果一致，一般只设置 a 的样式，而不设置 a:link、a:visited 伪类的样式。对 a:active 的使用很少，毕竟单击与释放之间的动作非常快。

9.3　任务实施

整个 navlink 区的设计分 3 个部分：Logo 图片模块、导航菜单模块、用户快速导航模块。整个 navlink 区的 XHTML 结构代码如下：

```
<div class="navlink">
    <div class="navlink_logo">
        <a href="index.html"><img src="images/logo.png" width="87" height="40"
            alt="叮当网上书店" class="logoborder" /></a>
    </div>
    <div class="navlink_right">
        <a href="#">购物车</a> |
        <a href="#">帮助中心</a> |
        <a href="#">我的账户</a> |
        <a href="#">新用户注册</a>|
        <a href="#">登录</a>
    </div>
    <div class="navlink_center">
        <ul>
            <li><a href="#" class="aleft">首页</a></li>
            <li><a href="#" class="acenter">我的叮当</a></li>
            <li><a href="#" class="aright">图书分类</a></li>
        </ul>
    </div>
    <div class="clear"></div>
</div>
```

本任务完成后，整个 navlink 区的 CSS 样式代码如下：

```
.navlink{
    margin:0 0 5px 0;
    padding:10px 0;
    height:auto;
}
.navlink_logo{
    float:left;
    width:130px;
}
.navlink_right{
    float:right;
    width:442px;
}
.navlink_center{
    float:left;
    width:410px;
}
.clear{
    clear:both;
    margin:0;
    padding:0;
}
.navlink_center ul{
    margin:0;
    padding:0;
}
.navlink_center ul li{
    float:left;
    width:131px;
    height:31px;
}
```

整个 navlink 区的效果如图 9-5 所示。

图 9-5　首页 navlink 区的效果

9.3.1　首页 navlink 区 Logo 图片样式

对“叮当网上书店”首页最终效果进行分析后可以发现，Logo 图片模块要解决两个问题，一是 Logo 图片的超链接边框要去掉；二是要使 Logo 图片里左侧有 15px 的间距。解决这两个问题，要用到盒子模型的 border、padding 属性。

CSS 代码如下：

```
/ * 新增 Logo 图片的 . logoborder 样式 * /
. logoborder{
    border:none;
}
/ * 修改 .navlink_logo 样式 * /
.navlink_logo{
    float:left;
    padding-left:15px;
    width:115px;              / * 确保整个 navlink_logo 的宽度保持 130px * /
}
```

完成后，navlink 区效果如图 9-6 所示。

图 9-6　navlink 区 Logo 图片完成后效果

9.3.2　首页 navlink 区导航菜单样式

对“叮当网上书店”首页最终效果进行分析后可以发现，导航菜单模块要解决 4 个问题：列表元素的默认符号去除、背景图的控制、超链接伪类控制和文本字体效果。下面依次来实施。

1. 列表元素的默认符号去除

CSS 代码如下：

```
/ * 通过修改 .navlink_center ul 样式来实现 * /
.navlink_center ul{
    margin:0;
    padding:0;
    list-style-type:none;
}
```

2. 背景图的控制

在实际应用中，背景图的控制一般要使用 3 个属性，分别是图片路径（background-img）、图片位置（background-position）和图片重复（background-repeat）。本导航菜单的案例中，由于 3 个导航菜单所采用的背景图片不一致，所以在 XHTML 结构代码中加入 3 个样式接口，分别是 class="aleft"、class="acenter" 和 class="aright"。

CSS 实现代码如下：

```
/* 新增.aleft 样式,解决左侧背景图效果 */
.aleft{
    background-image:url(../images/headnav_left.png);
    background-position:left top;
    background-repeat:no-repeat;
}
/* 新增.acenter 样式,解决中间背景图效果 */
.acenter{
    background-image:url(../images/headnav_center.png);
    background-position:left top;
    background-repeat:no-repeat;
}
/* 新增样式.aright,解决右侧背景图效果 */
.aright{
    background-image:url(../images/headnav_right.png);
    background-position:left top;
    background-repeat:no-repeat;
}
```

通过以上背景图控制后，可得到目前 navlink 区导航菜单模块的效果，如图 9-7 所示。

图 9-7 背景图控制后 navlink 区导航菜单效果

对以上效果图和"叮当网上书店"首页最终效果图进行对比可以发现，这个效果是不符合要求的。其原因是 a 标签容器是一个行内元素，它自身的宽度（width）和高度（height）跟容器内容的宽高相同造成的。因此，首先要设置 a 标签容器的宽、高样式。

CSS 代码如下：

```
/* 新增.navlink_center a 样式,解决行内元素 a 标签容器的尺寸问题 */
.navlink_center a{
    height:31px;
    width:131px;
}
```

从以上 CSS 代码发现，导航菜单区的效果没有发现任何改变的迹象，似乎问题又出现了，对行内元素设置宽高样式不起任何作用。针对以上问题，CSS 专门有一个解决方案，就是将行内元素转换成块级元素，从而实现容器的固定尺寸问题。在 CSS 中，页面对象显示方式的属性如表 9-6 所示。

表 9-6　页面对象显示方式的属性

属　性	可用值	描　　述
display	block	将对象显示为盒状，后一个对象换行显示
	none	不显示对象
	inline	行间内联样式，将对象排列成一行，后一对象继续连接此对象显示
	inline-block	对象显示为块状，但能呈现内联样式
	list-item	将对象作为列表项显示

修改后的 CSS 样式代码如下：

```
/*修改.navlink_center a 样式，实现容器固定尺寸*/
.navlink_center a{
    display:block;
    height:31px;
    width:131px;
}
```

修改后，效果如图 9-8 所示。

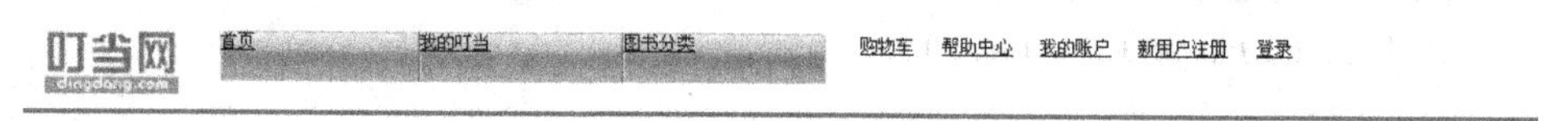

图 9-8　导航菜单背景控制后的效果

3. 超链接伪类控制

通过对“叮当网上书店”首页最终效果的分析可以发现，导航菜单要实现鼠标指针移上去时背景图的切换效果。因此，设置:hover 超链接伪类进行背景控制，就能顺利解决这个问题。

CSS 代码如下：

```
/*新增.aleft:hover 样式，实现左侧背景图鼠标指针移上去时的切换效果*/
.aleft:hover{
    background-image:url(../images/headnav_hoverleft.jpg);
    background-position:left top;
    background-repeat:no-repeat;
}
/*新增样式.acenter:hover，实现中间背景图鼠标指针移上去时的切换效果*/
.acenter:hover{
    background-image:url(../images/headnav_hovercenter.jpg);
    background-position:left top;
    background-repeat:no-repeat;
}
/*新增样式.aright:hover，实现右侧背景图鼠标指针移上去时的切换效果*/
.aright:hover{
    background-image:url(../images/headnav_hoverright.jpg);
```

```
    background-position:left top;
    background-repeat:no-repeat;
}
```

4. 文本字体效果

按照“叮当网上书店”首页最终效果要求，导航菜单对文本字体的控制主要有大小、颜色、水平和垂直对齐方式等属性；当鼠标指针移到导航菜单上时，文本字体还有下划线属性。

CSS 代码如下：

```
/* 修改.navlink_center a 样式，实现文本字体显示样式效果 */
.navlink_center a{
    display:block;
    height:31px;
    width:131px;
    line-height:31px; /* 实现垂直居中对齐 */
    text-align:center;
    color: #fff;
    font-size:14px;
    text-decoration:none;    /* 鼠标指针未移到导航菜单上时，文本无下划线 */
}
/* 增加.navlink_center a:hover 样式，实现鼠标指针移到导航菜单上时，文本有下划线 */
.navlink_center a:hover{
    text-decoration:underline;
}
```

通过以上 4 个步骤，首页 navlink 区的现效果如图 9-9 所示。

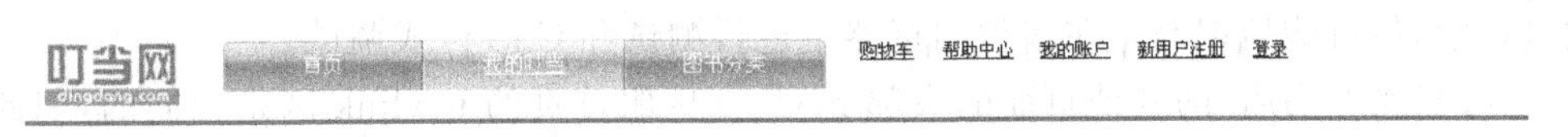

图 9-9 navlink 区导航菜单最终效果

9.3.3 首页 navlink 区用户快速导航样式

对“叮当网上书店”最终效果进行分析后可以发现，这个模块要解决 3 个问题：一是背景图控制；二是模块上方的间距和导航链接之间的间距；三是整个文本水平右对齐。

CSS 代码如下：

```
/* 修改.navlink_right 样式，解决背景图控制、模块上方的间距和文本水平右对齐问题 */
.navlink_right{
    float:right;
    width:442px;
```

```
    height:40px;                  /* 高度值由Logo图片的高度决定 */
    line-height:40px;             /* 实现文本超链接居中显示 */
    background-image:url(../images/top-gwc.gif);
    background-position:120px 10px;
    background-repeat:no-repeat;
    text-align:right;             /* 文本水平右对齐 */
}
/* 新增.navlink_right a样式,解决导航链接之间的间距问题 */
.navlink_right a{
    margin-left:5px;
    margin-right:5px;
}
```

完成本模块的CSS样式设计后,"叮当网上书店"首页navlink区的最终效果已经实现,如图9-10所示。

图9-10　首页navlink区最终效果

9.4　任务拓展

本任务的所有实现过程都是基于IE浏览器的。目前网络上浏览器种类比较多,除IE 6.0～IE 9.0等版本外,还有其他如Firefox、Chrome、Safari、Opera、搜狗、360安全浏览器等,由于用户使用的浏览器不一致,要确保网站开发后,能够尽量避免因浏览器对CSS解析结果的不一致而造成的网站显示结果差异,就必须要求网站开发设计人员在开发过程中,尽可能地把网站在多种浏览器下进行测试和CSS样式调试。

"叮当网上书店"的其他页面的头部navlink区跟首页的navlink区是相同的,因此读者能够在首页navlink区样式实现后,再选取1～2个页面的navlink区进行实现,以使知识和技能得到巩固。其他页面则可以采用公用样式表来实现效果。对于首页search区、center区两个有相同效果的样式,应举一反三,认真独立完成效果。

提示: 对于各种浏览器对CSS支持和解析问题,可以到网上参考CSS hack部分的知识,也可以采用一些软件或者插件来检查或核查,如Firefox浏览器下面的Firebug插件。在实际开发中,一般采用最基本、最通用的样式来实现网页的效果。

9.5　任务小结

通过本任务的学习和实践,Bill已经基本了解和掌握了网站列表元素、背景、文本及段落、超链接等部分的样式控制。对于初学者来说,还需要经过后期大量的练习才能达到熟练的程度。其中一些行业的实际使用规范跟书面理论有些冲突,需要自身学习掌握,尽量贴近实际工作环境进行技能锻炼。

9.6 能力评估

1. 去除列表默认图标的样式是什么?
2. 设置背景图片需要使用哪些样式?
3. 背景图片和背景颜色的区别是什么?
4. 超链接分别有哪些伪类? 每个伪类代表什么状态?
5. 文字及段落有哪些样式? 文字居中采用什么样式?

任务 10 “叮当网上书店”首页 search 区样式

通过对任务 9 的实现，Bill 理解并掌握了对 CSS 样式中的列表元素、背景图片和颜色、文本及段落和超链接及伪类的样式及相关制作效果。下面，Bill 将带领大家一起继续实现首页 search 区的样式效果，学习圆角背景和表单样式的部分知识及内容。

学习目标

(1) 掌握圆角背景设计和实现方法。

(2) 掌握表单 UI 布局设计技巧。

(3) 理解表单常用表单元素的样式效果。

10.1 任务描述

首页 search 区的主要功能是使用户能够快速进行分类检索和快速进行模糊或者精确的站内检索。本区域主要分为上下两个部分，分别是热点、重点关键词分类区和表单快速检索区。原始效果如图 10-1 所示。

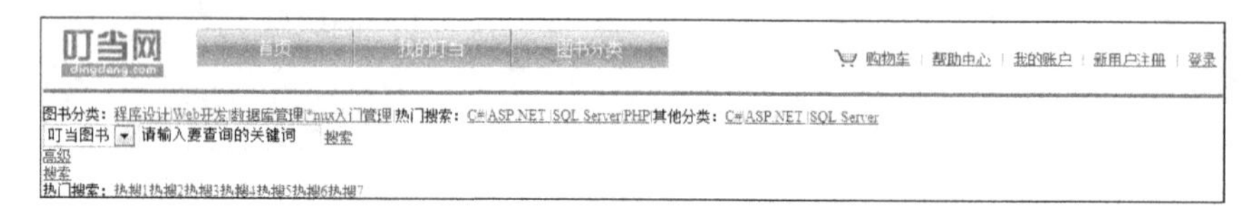

图 10-1 search 区原始效果

其中，上面部分效果是任务 9 实施后的效果。任务 10 主要就是将 search 区的效果实现为设计稿的最终效果。在任务 10 的实现过程中，以前学过的知识肯定还会用到，在新的章节中，本书将不再进行详细讲解，比如任务 8 的布局与定位，任务 9 的背景图片和颜色、列表、超链接及伪类和文本及段落等，读者肯定还会在以后任务中一直使用到。本任务主要通过学习圆角背景的设计思路及表单各元素的样式效果，实现本任务的最终效果，如图 10-2 所示。

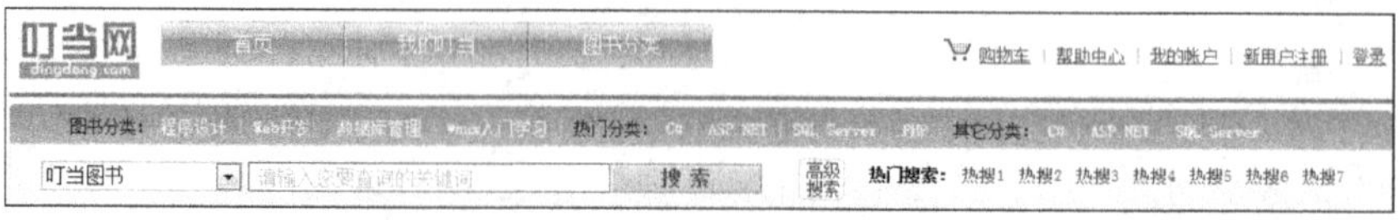

图 10-2 search 区最终效果

10.2 相关知识

本任务中要用到模块定位与布局、超链接、背景图片和颜色、文本及段落等样式效果，一方面是对前面任务知识点的复习与巩固，另一方面是对前面所学样式效果的熟练使用及掌握。

10.2.1 圆角背景控制

网站设计中最常用的一种设计方案就是圆角图案。一个文字块、一个区域经常会使用圆角来进行设计，以提升它们的视觉效果。

圆角矩形样式的设计原理源于九宫格技术。在一个 3×3 的表格中，左上、右上、右下、左下分别放入 4 个圆角图案，内容放置在中间的方格中，其上、下、左、右 4 个方向的方格可分别放入用于拉伸的图案，最终形成一种可任意变化大小的圆角方框。

九宫格技术是软件外观设计中常用的技术，包括常用的 Windows 软件。特别是 Windows XP 窗口基本上都使用了九宫格进行样式设计，如图 10-3 所示。

在本任务中，主要实现 search 区上部分的圆角背景效果，主要是左上方和右上方圆角背景效果。因此，只要在九宫格技术的基础上，进行简单的改进设计，把九宫改成三宫，左、右分别用固定圆角图片实现圆角背景效果，中间采用背景图，在 X 轴上的平铺，实现整个圆角背景效果的任意长度，就能实现本任务中的效果。重新设计过的效果如图 10-4 所示。

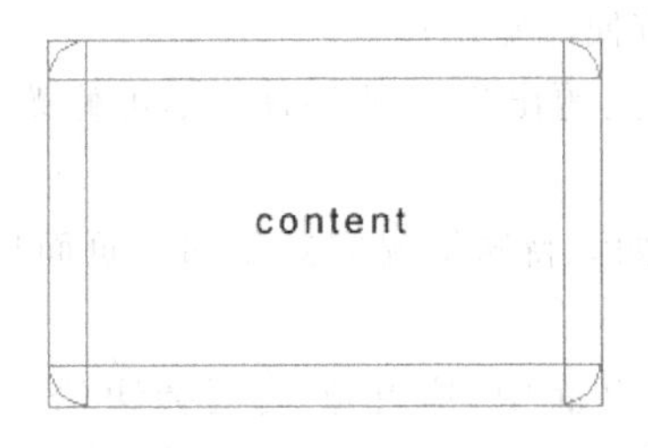

图 10-3 九宫格技术原理图

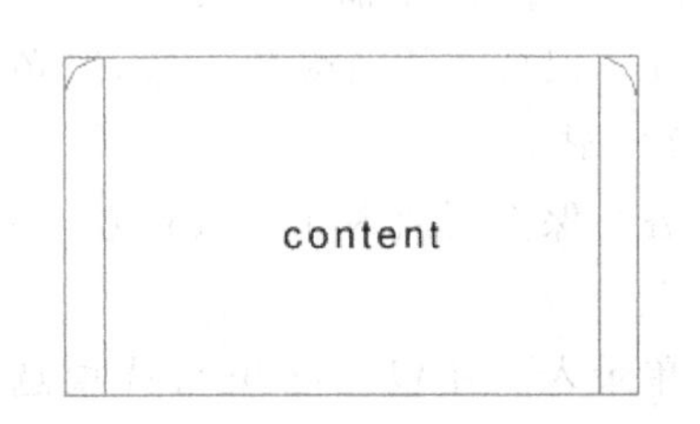

图 10-4 改进后的九宫格技术图示

提示：圆角背景的设计一般都可以分为背景图片和纯 CSS 样式两种实现方式。本任务中主要采用背景图片来实现。要使用纯 CSS 样式实现圆角背景效果，可以查看网络或者其他教材相关内容；或在网络搜索引擎中，输入关键词“纯 CSS 圆角背景”。

10.2.2 表单 UI 设计效果

表单是功能型网站中经常使用的元素，也是网站交互中最重要的因素。在网页中，小到搜索框与搜索按钮，大到用户注册表单、用户控制面板，都需要使用表单及其表单元素进行设计。

重要的表单元素有 button(按钮)、input(单行文本框)、textarea(多行文本框)、listbox(列表框)、select(下拉列表)、radio(单选按钮)以及 checkbox(复选按钮)等。也可以用小图片来代替按钮，只要将图片做成按钮样式，再为它添加超链接即可。

表单元件用来收集用户信息，帮助用户进行功能性控制，表单的交互设计与视觉设计都是网站设计中的重中之重。从表单视觉设计上看，经常需要摆脱 XHTML 默认提供的粗糙视觉样式，重新设计更多美观的表单元素。

另一方面，在表单布局上，也需要通过设计不断进行优化，帮助用户创造一个良好的便于使用的表单。当然，CSS 也提供了相应的样式支持，以帮助用户改善表单的视觉效果。

1. 表单布局设计

表单的布局指表单在页面显示中的排版形式，我们有必要将精心设计的各个元件按照功能及页面样式要求，分别放置在特定的位置上。整齐友好的表单正是设计的目标。

对于一些大型门户网站，良好的注册表单是其吸引用户、带给用户好感的关键所在。从表单整体上来说，越少的输入框及选项，越简洁的操作步骤，更能够增加用户的好感，使用户不会因为复杂的表单而停下注册的脚步。在这一点上，目前国外许多新兴网站都在尝试使用简洁的表单样式，最终只保留用户名、密码、E-mail、密码提示等少量而基本的选项，以便尽量留住用户。对于“叮当网上书店”电子商务平台，用户量的高低，直接决定了网站运行、赢利等关键因素。因此，本项目中，对于表单的设计，也遵循了以下的原则。

(1) 一致性原则

应坚持以用户体验为中心设计原则，使界面直观、简洁，操作方便快捷，用户对界面上对应的功能一目了然、不需要太多培训就可以方便浏览网站。

① 字体。保持字体及颜色一致，避免一套主题出现多种字体；不可修改的字段，统一用灰色文字显示。

② 对齐。保持页面内元素对齐方式一致，如无特殊情况应避免同一页面出现多种数据对齐方式。

③ 表单录入。在包含必填与选填选项的页面中，应在必填项旁边给出醒目标识(*)。各类型数据输入应限制文本类型，并做格式校验如电话号码只允许输入数字、邮箱地址需要包含“@”等，在用户输入有误时给出明确提示。

④ 光标形状。可单击的按钮、链接需要切换光标形状至手状。

⑤ 保持功能及内容描述一致。避免同一功能描述使用多个词汇，如编辑和修改、新增和增加、删除和清除混用等。建议在项目开发阶段建立一个产品词典，包括产品中常用术语及描述，设计或开发人员严格按照产品词典中的术语词汇来展示文字信息。

(2) 准确性原则

使用一致的标记、标准缩写和颜色，显示信息的含义应该非常明确，用户不必再参考其他信息源。显示有意义的出错信息，而不是单纯的程序错误代码。避免使用文本输入框来放置不可编辑的文字内容，不要将文本输入框当作标签使用。使用缩进和文本来辅助理解。使用用户语言词汇，而不是单纯的专业计算机术语。高效地使用显示器的显示空间，但要避免空间过于拥挤。保持语言的一致性，如“确定”对应“取消”，“是”对应“否”。

(3) 布局合理化原则

在进行UI设计时需要充分考虑布局的合理化问题，遵循自上向下、自左向右浏览、操作习惯，避免常用业务超链接排列过于分散而造成用户鼠标移动距离过长的弊端。多做“减法”运算，将不常用的功能区块隐藏，以保持界面的简洁，使用户专注于主要业务操作流程。

① 菜单。保持菜单简洁性及分类的准确性，避免菜单深度超过3层。

② 按钮。确认操作按钮放置左边，取消或关闭按钮放置于右边。

③ 功能。未完成的功能必须隐藏处理，不要置于页面内容中，以免引起误会。

④ 排版。所有文字内容排版避免贴边显示(页面边缘)，尽量保持10～20像素的间距并在垂直居中对齐；各控件元素间也保持至少10像素以上的间距，并确保控件元素不紧贴于页面边沿。

⑤ 表格数据列表。字符型数据保持左对齐，数值型右对齐(方便阅读对比)，并根据字段要求，统一显示小数位位数。

⑥ 滚动条。页面布局设计时应避免出现横向滚动条。

⑦ 页面导航。在页面显眼位置应该出现导航栏，让用户知道当前所在页面的位置，并明确导航结构。

⑧ 信息提示窗口。信息提示窗口应位于当前页面的居中位置，并适当弱化背景层以减少信息干扰，让用户把注意力集中在当前的信息提示窗口。一般做法是在信息提示窗口的背面加一个半透明颜色填充的遮罩层。

(4) 系统响应时间原则

系统响应时间应该适中，响应时间过长，用户就会感到不安；而响应时间过快也会影响到用户的操作节奏，并可能导致错误。因此在响应时间上坚持如下原则：2～5秒显示处理信息提示，避免用户误认为没响应而重复操作；5秒以上显示处理窗口，或显示进度条；一个长时间的处理完成时应给予完成提示信息。

2. 改变输入框及文本框样式

网页中的表单由表单中的文本及表单中的表单元素组成，输入框及文本域是Web表单最常使用的元件。每个浏览器对表单元素都有其默认的外观样式，比如IE浏览器，它的基本样式是非常简陋的。在早期的网页设计中，CSS尚未普及，人们一直沿用IE默认的表单基本样式。自从CSS开始应用以来，网页设计者就一直尝试改变表单的外观。最基本的改观便是使文本框凹下变为实线条样式，并添加更为丰富的边框颜色及背景色效果。

对于XHTML中的每个显示元素，CSS基本上都提供了对border属性的支持。border属性从样式上来看主要有3个部分，即border-color、border-style和border-width。

文本域相对于输入框来说，其实是外观相同的两个元素，唯一区别是文本域所占的空间要大于文本框并带有滚动条。同样，用户可以应用与文本框相同的边框及背景来改变文本域的视觉效果。

3. 改变按钮样式

按钮是表单不可或缺的元素，对于按钮，同样可以通过与文本框相同的边框、背景色及图片等方式进行外观样式设计。比如本任务中的“搜索”即是一个图片按钮，首先选用一张 JPG 或者 GIF 图片，然后对其设置背景图片样式来实现。设计出更加醒目的表单按钮，可以提高用户的操作方便和准确性。

4. 使用 label 标签提升表单可用性

对于单选按钮和复选框，通常需要用户用鼠标精确地点到小框或者小圆圈上才能够完成交互响应。长期使用也许会觉得这是一件非常麻烦的事，似乎觉得计算机非常不智能，非得强制用户精确地移动鼠标。

表单可用性问题便浮现出来，一个不方便用户操作的表单是不可取的。无论如何设计，都要以用户使用体验为第一目标。除了前面提到的设计简洁的表单，再就是操作上的轻松自如。XHTML 提供了一个改善表单交互问题的标签 label，早期很少有人使用这个标签，但它却能够对表单的设计产生极大的帮助。label 标签使用 for 属性与表单元素进行配合，从而让表单元件的操作非常简便。可见，label 标签是提升表单可用性的简单易行的好办法，建议尽可能地用这个标签，它将会使表单的操作更加顺畅、方便。

注意：label 标签的 for 属性与表单元件中的 id 属性值相同，其中 for 属性用于指定该标签所关联的表单元素，单击该标签的同时，该元素也会得到响应。

10.3 任务实施

整个 search 区的设计步骤分两个阶段，分别是上面部分的圆角背景设计和下面部分的表单及表单元素的设计。整个 search 区的 XHTML 结构代码如下：

```
<div class="search">
    <div class="seacher_top">
        <div class="yuanjiao_left"></div>
        <div class="yuanjiao_right"></div>
        <div class="yuanjiao_center">图书分类：<a href="#">程序设计</a>
        <span>|</span><a href="#">Web 开发</a><span>|</span>
            <a href="#">数据库管理</a><span>|</span>
            <a href="#">*nux 入门管理</a><span>|</span>热门搜索：
            <a href="#">C#</a><span>|</span>
            <a href="#">ASP.NET</a><span>|</span>
            <a href="#">SQL Server</a><span>|</span>
```

```
            <a href="#">PHP</a><span>|</span>其他分类:
            <a href="#">C#</a><span>|</span>
            <a href="#">ASP.NET</a><span>|</span>
            <a href="#">SQL Server</a> </div>
        <div class="clear"></div>
    </div>
    <div class="seacher_bottom">
        <div class="bottomform">
            <form name="seacherform" method="post" action="">
                <select name="booktype" class="selectstyle">
                    <option value="1">叮当图书</option>
                   <option value="2">叮当分类</option>
                </select>
                <input type="text" name="keywords" class="txtinputsytle"
                value="请输入要查询的关键词" />
                <a href="#" class="btninputstyle">搜 索</a>
                <div class="clear"></div>
            </form>
        </div>
        <div class="bottomimglink">
            <a href="#">高级<br />搜索</a>
        </div>
        <div class="bottomlinkwords">
            <span>热门搜索:
            </span><a href="#">热搜 1</a>
            <a href="#">热搜 2</a>
            <a href="#">热搜 3</a><a href="#">热搜 4</a>
            <a href="#">热搜 5</a><a href="#">热搜 6</a>
            <a href="#">热搜 7</a>
        </div>
        <div class="clear"></div>
    </div>
</div>
```

本任务完成后，整个 search 区的 CSS 样式代码如下：

```
.search{
    margin:0 0 5px 0;
    padding:0;
}
.seacher_top{
    margin:0;
    padding:0;
}
.yuanjiao_left{
    float:left;
}
.yuanjiao_right{
    float:right;
}
```

```
.yuanjiao_center{
    float:left;
}
.bottomform{
    float:left;
}
.bottomimglink{
    float:left;
}
.bottomlinkwords{
    float:left;
}
```

此时，整个 search 区的效果如图 10-5 所示。

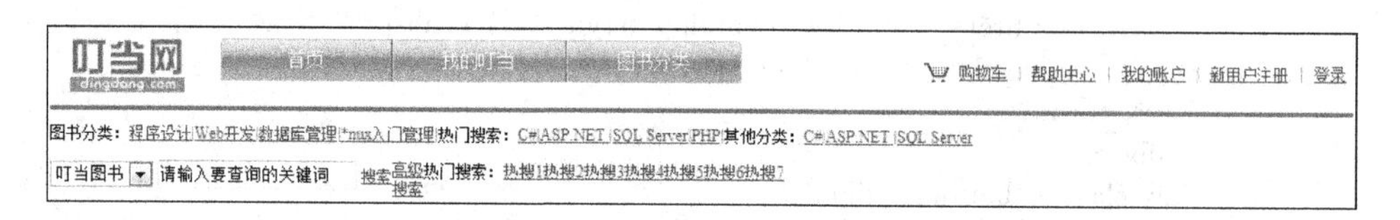

图 10-5　首页 search 区的初步效果

10.3.1　首页 search 区圆角背景样式

通过对“叮当网上书店”首页最终效果和任务 3 中设计的圆角背景图片来分析可以发现，左侧圆角背景图片和右侧圆角背景图片的宽高分别是 4px 和 27px，中间背景图片的宽高分别是 1px 和 27px。由此可以得出，整个 .search_top 区域和 .yuanjiao_left、.yuanjiao_right 和 .yuanjiao_center 的高度都是 27px。按照三宫格技术设计原理，利用任务 9 中背景图片的设置样式，就可以实现本模块的圆角背景效果。

CSS 代码如下：

```
/*修改以下样式*/
.seacher_top{
    margin:0;
    padding:0;
    height:27px;                                 /*将高度设置为 27px*/
}
.yuanjiao_left{
    float:left;
    height:27px;                                 /*将高度设置为 27px*/
    width:4px;                                   /*将宽度设置为 4px*/
    background-image:url(../images/head_yj_left.jpg);    /*设置背景图片*/
    background-repeat:no-repeat;                 /*设置背景图片是否重复*/
    background-position:left top;                /*设置背景图片的位置*/
}
```

```
.yuanjiao_right{
    float:right;
    height:27px;      /* 将高度设置为 27px */
    width:4px;        /* 根据右侧背景图的宽度设置为 4px */
    background-image:url(../images/head_yj_right.jpg);
    background-repeat:no-repeat;
    background-position:left top;
}
.yuanjiao_center{
    float:left;
    height:27px;      /* 将高度设置为 27px */
    width:974px;      /* .container 的宽度 982px,分别减去左、右各 4px,得出宽度为 974 像素,
                         此宽度必须设置。若不设置,中间背景图会出现截断空白,这是因为
                         DIV 浮动后,DIV 宽度跟内容齐宽引起的 */
    background-image:url(../images/head_yj_center.jpg);
    background-repeat:repeat-x;    /* 设置背景图片在 X 轴上平铺 */
    background-position:left top;
}
```

通过以上的样式设置后,圆角背景图片效果基本实现,如图 10-6 所示。

图 10-6　search 区圆角背景图片完成后的效果

接下来的任务就是利用文本及段落和超链接及伪类样式,对圆角背景模块中的内容进行样式定义,实现最终效果。首先使整体内容水平离左侧 20px,垂直方向居中;然后定义超链接字体颜色白色,鼠标指针移上去时加下划线,并设置左侧 5px 和右侧 10px 的间距。

CSS 代码如下:

```
/* 修改 yuanjiao_center,实现离左侧 20px,垂直方向居中 */
.yuanjiao_center{
    float:left;
    height:27px;
    line-height:27px;    /* 通过设置 line-height 和 height 的值来实现文本垂直方向居中 */
    padding-left:20px;   /* 通过设置 padding-left 的值来实现离左侧的间距 */
    width:954px;         /* 根据盒子模型,要使整个盒子的宽度不变,必须将盒子的 width 响应的减
                            去 20px,因此修改 widht 的值为 954 像素 */
    background-image:url(../images/head_yj_center.jpg);
    background-repeat:repeat-x;
    background-position:left top;
}
/* 添加 .yuanjiao_center a 和 .yuanjiao_center a:hover 的超链接样式及伪类样式 */
.yuanjiao_center a{
    padding:0 10px 0 5px;
    margin:0;
```

```
        color: #FFFFFF;
        text-decoration:none;
}
.yuanjiao_center a:hover{
        text-decoration:underline;
}
/* 添加.yuanjiao_center span 样式,实现超链接之间垂直分隔线的效果 */
.yuanjiao_center span{
        color: #efefef;
        margin-right:5px;
}
```

设置文本段落及超链接的相关样式后,目前 search 区的效果如图 10-7 所示。

图 10-7　search 区设置文本段落及超链接样式后的效果

10.3.2　首页 search 区表单设计样式

根据“叮当网上书店”首页最终效果的要求,对 search 区还要设置下面部分的背景色和边框、表单区域样式、高级搜索效果和右侧热门搜索效果。

1. 整个 search 区下面部分的背景图片和边框(边框色为 #dddddd)

CSS 代码如下:

```
/* 添加.seacher_bottom 样式 */
.searchbottom{
        border:1px #dddddd solid;
        background-color: #ffffff;
        background-image:url(../images/searchbottombg.png);
        background-position:left top;
        background-repeat:repeat-x;
        margin:0;
        padding:0;
        height:40px;        /* 背景图片的高度为 40px,因此,高度就是 40px */
        line-height:40px;  /* 设置垂直居中 */
}
```

添加以上样式后,效果如图 10-8 所示。

图书分类： 程序设计 | Web开发 | 数据库管理 | *nux入门学习 | 热门分类： C# | ASP.NET | SQL Server | PHP | 其他分类： C# | ASP.NET | SQL Server
叮当分类 搜索高级搜索热门搜索：热搜1 热搜2 热搜3 热搜4 热搜5 热搜6 热搜7

图 10-8 设置.seacher_bottom 样式后的效果

2. 表单区域样式

表单区域有两层嵌套，一层是定义样式.bottomform 的 DIV 层，另一层则是嵌套在 DIV 层中的 Form 层。按照“叮当网上书店”最终效果图的设计，该区域的宽度为 510px，右侧与高级搜索区域之间的边框色为 #e1e4e6，表单各元素垂直方向居中，水平方向距离左侧 30px。

CSS 代码如下：

```
/* 修改.bottomform 样式 */
.bottomform{
    float:left;
    height:48px;                          //设置高度跟父 div 层同高
    width:510px;                          //设置宽度为 510px
    margin:0;                             //设置外边距为 0px
    padding:0;                            //设置内填充间距为 0 像素
    border-right:1px #e1e4e6 solid;       //设置右侧与高级搜索区域之间的边框效果
}
/* 添加.bottomform form 样式，对表单元素进行设置 */
.bottomform form{
    margin:0;  /* 如图 10-8 所示，背景图片与边框之间有空白，这个空白就是因为 form 标签在
               IE 6 下和其他浏览器下的表现不同引起的。要解决这个问题，就要先将 form
               标签的 margin 和 padding 设置为 0，去除默认的内外边距，实现在各种浏览器
               下的显示统一 */
    padding:14px 0 0 30px;
/* 通过设置 padding 的上填充间距，达到表单各元素在垂直方向的居中，因为表单元素并非文
   本，因此不能设置 line-height 与 height 为相同值 */
    width:100%;
    overflow:hidden;
/* 该样式的主要作用是让超出表单区域的内容自动隐藏，从而使表单不会因为其中内容的宽、高
   太大而使表单盒子的形状发生形变。在以后的实施中，如果要使父盒子不被子盒子或者内容
   撑开而发生形变，即可使用该样式。本样式的缺点是一旦子盒子或者内容太大超出了父盒子
   的区域，那么超出部分会被自动隐藏。 */
}
```

表单设置完成后，接下来要做的就是设置边框样式、背景图片及颜色样式、文本及段落样式等，完成“叮当网上书店”最终设计稿对表单的设计要求（单行文本框中文本颜色为 #b6b7b9，“搜索”文本颜色为 #853200）。

CSS 代码如下：

```
/*添加以下样式,分别设置下拉菜单框、单行文本框和超链接按钮的样式*/
.selectstyle{
    float:left;
    width:100px;            /*设置下拉菜单框的宽度为 100px*/
    height:21px;
    line-height:21px;       /*设置下拉菜单框文本内容垂直居中*/
    margin-right:10px;      /*设置下拉菜单框右侧离单行文本框的间距为 10px*/
}
.txtinputsytle{
    float:left;
    border:1px #333 solid;  /*设置单行文本框的边框效果*/
    background-color:#fff;  /*设置单行文本框的背景颜色为白色*/
    height:17px;
            /*设置单行文本框的高度为 17px,该值的设置依据为右侧按钮背景图片的高度*/
    line-height:17px;       /*设置单行文本框文本内容垂直居中*/
    padding-left:5px;       /*设置单行文本框文本内容离左侧内间距为 5px*/
    width:245px;            /*设置单行文本框的宽度为 245px*/
    color:#b6b7b9;          /*设置单行文本框文本内容的字体颜色*/
}
.btninputstyle{
    float:left;
    display:block;          /*设置超链接以块级元素显示*/
    height:21px;     /*设置按钮的高度为 21px,该值设置依据为按钮背景图片的高度*/
    line-height:21px;           /*设置按钮文本"搜索"垂直方向居中*/
    width:109px;   /*设置按钮的宽度为 109px,该值设置依据为按钮背景图片的宽度*/
    border:none;                /*设置按钮无边框*/
    margin:0 0 0 -1px;      /*设置按钮离左侧单行文本框的间距为向-1px,这样做是因为设
                                计效果图中用按钮遮盖单行文本框右侧的 1px 边框*/
    padding:0;
    color:#853200;              /*设置按钮的文本字体颜色*/
    font-size:14px;             /*设置按钮的文本字体大小为 14px*/
    text-decoration:none;       /*去除超链接按钮文本默认的下划线效果*/
    font-weight:bold;           /*设置按钮的文本字体加粗*/
    background-image:url(../images/bg_searchbutton_default.gif);
                                /*设置超链接按钮在正常状态下的背景图片*/
    background-position:left top; /*设置背景图片的位置*/
    background-repeat:no-repeat; /*设置背景图片固定,即不在任何方向重复*/
    text-align:center;          /*设置按钮的文本水平居中效果*/
}
.btninputstyle:hover{
    cursor:hand;                /*设置超链接按钮在鼠标指针移上去时鼠标指针变成
                                    手状*/
    background-image:url(../images/bg_searchbutton_mo.gif);
                                /*设置超链接按钮在鼠标指针移上去时的背景图片*/
    background-position:left top;
    background-repeat:no-repeat;
}
```

对表单和表单各元素的样式进行设置后，search 区下部分. bottomform 模块的效果如图 10-9 所示，基本实现了最终效果。

图 10-9 . bottomform 模块的最终效果

3. 高级搜索效果

根据“叮当网上书店”设计稿的要求，高级搜索区的背景图片宽、高为 33px×29px，“高级搜索”文字分两行显示，中间采用
标签换行；高级搜索按钮左、右两侧的间距为 10px。由于高级搜索按钮区的 DIV 层内放置的是超链接，所以不能采用设置 line-height 跟 height 同值来实现按钮的垂直居中，而要采用 padding-top 来实现。

CSS 代码如下：

```
/* 修改 bottomimglink 样式,实现左、右间距和按钮的垂直居中 */
.bottomimglink{
    float:left;
    margin:0 10px;               /* 实现按钮的左、右间距 */
    padding: 0;
}
/* 添加样式,实现高级搜索按钮的超链接效果 */
.bottomimglink a{
    display:block;               /* 将行内元素转换为块级元素显示 */
    width:33px;                  /* 按照设计素材尺寸,设置宽度为 33px */
    height:29px;                 /* 按照设计素材尺寸,设置高度为 29px */
    line-height:14px;            /* 设置文本的行高为 14px。由于文本通过
    <br />换行,故不能设置跟 height 同值来实现文本的垂直居中 */
    padding-top:4px;             /* 设置文本在垂直方向的居中,该值可以适当微调 */
    text-align:center;           /* 设置文本在水平方向居中 */
    text-decoration:none;        /* 去除超链接文本的下划线 */
    color: #333333;              /* 设置超链接文本的颜色 */
    background-image:url(../images/bg_adsearch_default.gif);
                                 /* 设置超链接的背景图片 */
    background-position:left top; /* 设置超链接背景图片的位置 */
    background-repeat:no-repeat; /* 设置超链接背景图片不重复 */
}
.bottomimglink a:hover{
    background-image:url(../images/bg_adsearch_mo.gif);
                                 /* 设置超链接鼠标指针移上去时的背景图片 */
    background-position:left top; /* 设置超链接鼠标指针移上去时的背景图片的位置 */
    background-repeat:no-repeat; /* 设置超链接鼠标指针移上去时的背景图片不重复 */
}
```

设置高级搜索区域样式后，效果如图 10-10 所示。

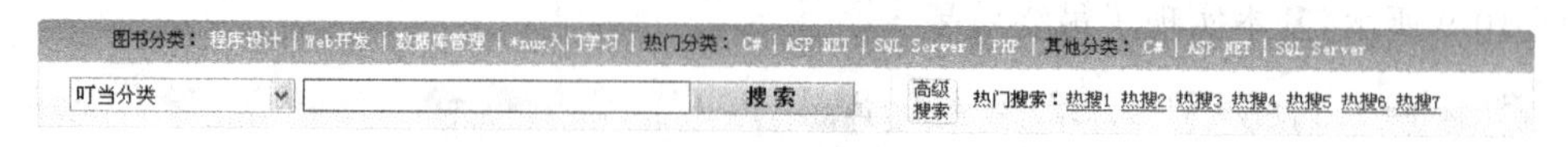

图 10-10　高级搜索区的效果

4. 右侧热门搜索效果

本区域的 XHTML 结构比较简单，其中只有文本和超链接。只要通过这两种样式的设计，就能很简单的实现相应的效果。

CSS 代码如下：

```
/* 添加以下样式，实现超链接相关效果 */
.searchnavlink span{
    font-weight:bold;                   /* 文本加粗 */
}
.searchnavlink a{
    color:#333;                         /* 设置超链接文本颜色 */
    text-decoration:none;               /* 去掉超链接下划线 */
    margin:0 2px;                       /* 设置超链接与左、右两侧的间距为 2px */
}
.searchnavlink a:hover{
    text-decoration:underline;          /* 设置超链接鼠标指针移上去时的文本下划线 */
}
```

通过以上 4 个步骤的实施，首页 search 区的最终效果基本实现，如图 10-2 所示。

10.4　任务拓展

本任务重点介绍了圆角背景效果和表单相关样式设置的知识和技能，读者可掌握背景图片及颜色、文本及段落和超链接及伪类等样式的应用。请读者独立完成以下相关效果，以熟练掌握本任务的相关知识和技能。

10.4.1　首页 main_left、main_right 两侧样式

首页 main_left 和 main_right 区“图书”、“品牌出版社”、“用户登录”和“点击排行榜 Top10”4 个模块的圆角背景效果如图 10-11 所示。

10.4.2　首页 main_right 用户登录区样式

首页 main_right 区用户登录模块的表单效果如图 10-12 所示。

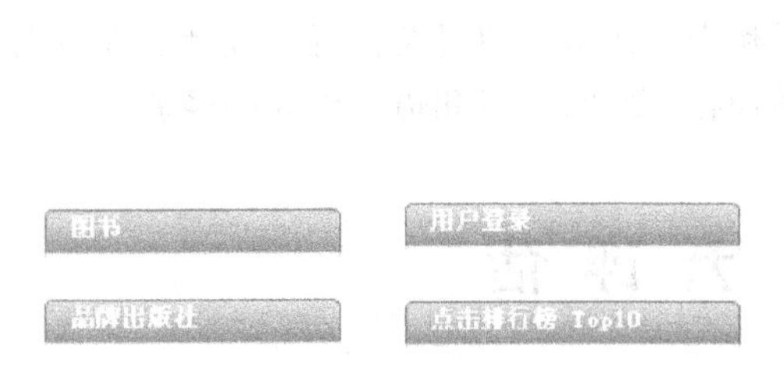

图 10-11 两侧样式的圆角背景效果

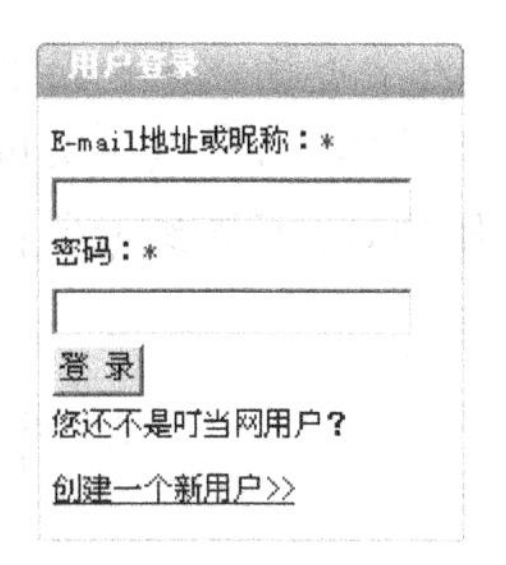

图 10-12 用户登录区效果

10.4.3 用户注册页样式

注册页用户注册模块的表单效果如图 10-13 所示。

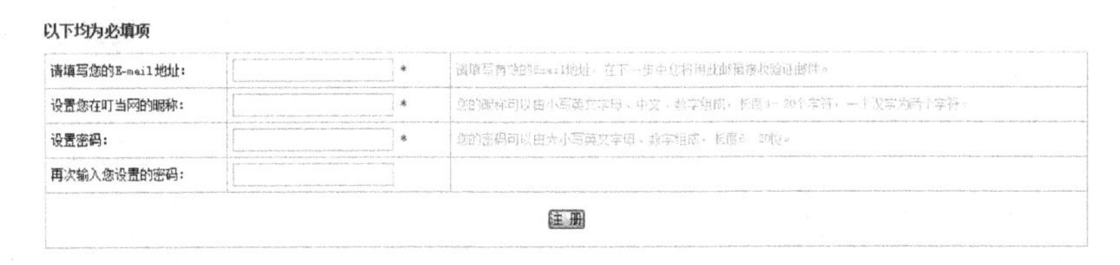

图 10-13 用户注册模块的表单样式效果

10.4.4 用户登录页样式

登录页用户登录模块的页面样式效果如图 10-14 所示。

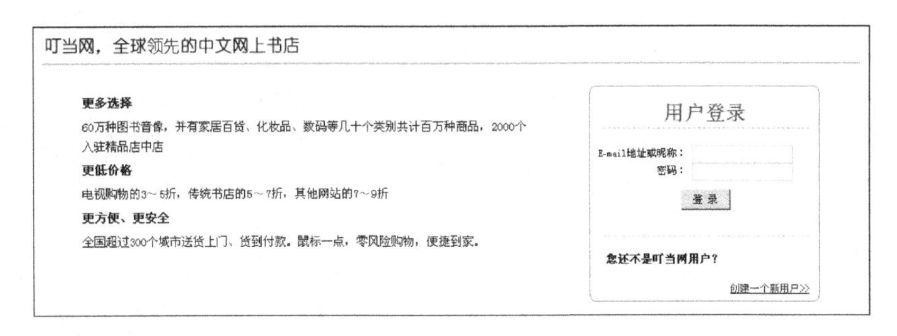

图 10-14 用户登录页样式效果

10.5 任务小结

通过本任务的学习和实现，Bill 已经了解和掌握了网站的圆角背景图片及表单等重要组成部分的样式控制。其中，圆角背景的实现方法有很多种，这还需要在以后的实践过程中，不断去学习和探索；表单的相关样式要尽量符合UI设计的美学效果，尽可能地提升网站用户的体验，重点是label标签的使用和表单元素的数量及位置的设计。在以后的学习和工作中，尽可能参考国内外一些著名的网站设计，学习和借鉴别人的经验。

10.6 能力评估

1. 九宫格技术的原理是什么？
2. 圆角背景的实现方法有哪些？各自的优缺点是什么？
3. 表单UI设计的相关原则有哪些？
4. 表单元素的一般控制样式有哪些？
5. label标签的作用是什么？for属性有何作用？

任务11 “叮当网上书店”首页main_center区样式

至此，Bill已经基本掌握了CSS部分的大部分知识和技能，对CSS样式中的布局与定位、盒子模型、列表元素、背景图片和颜色、文本及段落、超链接及伪类、表单的样式等有了一定理解和掌握。接下来，还要对以上CSS的样式和技能进一步练习，从而能够对所学的CSS技能融会贯通，举一反三，熟练掌握DIV和CSS的网页设计技巧和制作技能。Bill将通过本任务再带领大家一起继续实现首页main_center区的样式效果，学习CSS样式中的一些更加高级的应用和技巧。

学习目标

(1) 理解掌握使用CSS缩写。

(2) 理解掌握CSS Hack技术。

(3) 理解掌握ul的不同表现和容器不扩展等常见兼容性问题。

(4) 理解掌握3～5种主流浏览器兼容性等问题。

11.1 任务描述

首页main_center区的主要功能是对“叮当网上书店”电子商务平台所销售的图书商品进行快速展示和陈列。本区域主要分为上、中、下3个部分，分别是主编推荐、本月新出版和本周媒体热点3个模块。为了能够快速展示main区的原始效果，先对本月新出版模块的图书图片的排列效果和大小作样式调整。先期加入的CSS样式如下：

```
/*添加.centerulli ul li和.centerulli ul li a img样式*/
.centerulli ul li{
    float:left;                /*让整个li区域左浮动*/
}
.centerulli ul li a img{
    width:88px;                /*设置图书封面图片的宽度为88px*/
    height:117px;              /*设置图书封面图片的高度为117px*/
}
```

通过以上的调整后，main区的原始效果如图11-1所示。

图 11-1　main 区的原始效果

在本任务中，会使用 CSS 的一些高级应用和技巧，并解决 CSS 在不同浏览器中兼容性与解析问题，让读者能够更加深入地学习 CSS，从而适应企业岗位开发的技能需求。本任务要完成的最终效果如图 11-2 所示。

图 11-2 main 区最终效果

11.2　相关知识

本任务中所用到的 CSS 样式效果，基本都是前面几个任务已经讲授过的和使用过的，在此，就不再进行累述。为了能够让广大读者对 CSS 样式有一个更加深入的学习和了解，因此，在该任务中，编者加入了一些 CSS 的高级应用和技巧，加入了各种浏览器对 CSS 的兼容与解析差异等问题的知识。

11.2.1　CSS 缩写

CSS 缩写是指将多个 CSS 属性集合到一行中的编写，这种方式能够缩减大量的代码，使代码编写效率提高。在前面的任务中，已经对 CSS 的大部分样式进行了介绍，代码的编写都是按照标准的一行一个样式进行的。下面探讨 CSS 缩写的用法。

1. 字体缩写

字体缩写是针对字体样式进行的缩写形式，包含字体、字号等属性，语法格式如下：

```
font:font-style | font-variant | font-weight | font-size | line-height | font-family
```

对于字体缩写，只要使用 font 作为属性名称，后接各个属性的值即可，各个属性值之间使用空格分开。例如网站 body 样式的定义，原先关于字体的写法如下：

```
body{
    font-family:"",Arial;          /* body 样式中关于字体的定义 */
    font-size:12px;                /* body 样式中关于字体大小的定义 */
    color:#000;
    margin:0;
    padding:0;
    background-color:#fff;
}
```

现在，如果采用字体缩写，就可以如下进行定义：

```
body{
    font:12px  "",Arial;   /* 字体的定义由原来的两行变成一行 */
    color:#000;
    margin:0;
    padding:0;
    background-color:#fff;
}
```

通过以上的对比不难发现，如果字体的定义越多，那么节省的代码行也就越多。字体缩写一行代码可以完成 6 个属性的设置，节省了编码时间。对于其他属性的缩写，也是如此。

2. 边距缩写

外边距 margin 与内边距 padding 是两个常用的属性，传统写法使用以下形式：

```
margin-top:120px;          /* 上外边距 */
padding-bottom:10px;       /* 下内边距 */
maring-left:80px;          /* 左外边距 */
padding-right:5px;         /* 右内边距 */
margin-right:20px;         /* 右外边距 */
padding-left:10px;         /* 左内边距 */
margin-bottom:40px;        /* 下外边距 */
padding-top:8px;           /* 上内边距 */
```

而在 CSS 缩写中，可以使用以下编写方式：

```
margin:margin-top | margin-right | margin-bottom | margin-left
padding:padding-top | padding-right | padding-bottom | padding-top
```

默认情况下，margin 和 padding 的缩写需要提供 4 个参数，按顺序分别是上、右、下、左，是一个顺时针的顺序。也可以使用 1、2、3 参数来进行编写。如上面提到的 body 样式中的 margin 和 padding 就是采用缩写的 1 个参数来实现的。

3. 边框缩写

border 对象本身是一个复杂的对象，它包括 4 条边的不同宽度、颜色以及样式，所以 border 对象提供的缩写形式相对来说也更加丰富。不仅可以对整个对象进行缩写，也可以对单个边进行缩写。而对于整个对象而言，语法格式如下：

```
border:border-width | border-style | color
```

这样缩写以后，当前对象的 4 条边框都会采用同样的效果。如果要对任意一条边框单独进行样式设置，就可以使用 border 的单条边框的缩写，语法格式如下：

```
border-top:border-width | border-style | color
border-right:border-width | border-style | color
border-bottom:border-width | border-style | color
border-left:border-width | border-style | color
```

除了对边框整体及 4 个边进行单独做缩写外，border 还提供了 border-style、border-width 以及 border-color 的缩写，语法格式如下：

```
border-width:top | right | bottom | left
border-color: top | right | bottom | left
border-style: top | right | bottom | left
```

具体的参数个数及顺序，与 margin 和 padding 的缩写相同。

4. 背景缩写

背景缩写用于对象的背景相关属性缩写，语法格式如下：

```
background:background-color | background-image | background-repeat | background-attachment |
background-position
```

再来回顾一下任务 9 中导航菜单的背景控制 CSS 代码，代码如下：

```
.aleft{
    background-image:url(../images/headnav_left.png);
    background-position:left top;
    background-repeat:no-repeat;
}
```

缩写后的代码如下：

```
.aleft{
    background:url(../images/headnav_left.png)  no-repeat  left  top;
}
```

11.2.2 CSS Hack 技术

CSS Hack 是一种改善 CSS 在不同浏览器下的表现形式的技巧与方法。

CSS Hack 技术是指通过一些浏览器特殊支持或者不支持的语句，使一个 CSS 样式能够被浏览器解析或者不解析的一种技术。

常用的 CSS Hack 使用方法有如下几种。

1. @import

格式：

```
@import: url("newstyle.css");
```

通过以上导入语句，带引号的 URL 地址只能被 IE 5 及以上浏览器及 Firefox 所识别，而 IE 4 及以下版本的浏览器就不会解析 newstyle.css。因此，@import 的这种用法主要用于区别 IE 4。

2. 注释

在 CSS 中可以使用/*...*/来标记一段注释内容。由于版本升级的原因，在对注释的解析上，IE 浏览器也有所区别，因此可以利用注释语句来进行 CSS Hack。例如：

```
# container {   font-size:15px;   }
# container /**/{   font-size:30px;}
```

对以上代码，CSS 的执行顺序是，后一个定义总是会覆盖前一个。当 IE 6 与 Firefox 执行到这里时，将使用后一个（即 font-size：30px；）样式代码进行最终处理，而 IE 5 由于对/ * ... * /注释代码并不解析，因此它认为只有第一个代码可用，所以最终样式将使用 font-size：15px 进行显示。注释的这种用法主要用于区别 IE 5。

注意：选择符与/ * ... * /之间不允许有空格存在。如果有空格存在，那么该 CSS Hack 不会产生任何作用。

3. 属性选择符

CSS 2 中提供了一种属性选择符，用于对具有特定属性的对象进行选择。这是 CSS 中一个非常优秀的选择符方法，但是 IE 浏览器没有对这种方法提供支持。属性选择器在 Firefox 中工作正常，而对 IE 系列浏览器却没有任何作用。可以利用此方法对 IE 浏览器与 Firefox 浏览器进行区别处理。例如：

```
span  . container {   color:blue;   }
span[class= container]{   color:red;   }
```

在 IE 浏览器中，class 将 content 的 span 对象的字体颜色显示为蓝色，而同一对象在 Firefox 之中则会使用第二段样式代码，即字体颜色显示为红色。

4. 子对象选择符

子对象选择符类似于包含选择符，也是 CSS 提供的一种选择形式。它主要也是用来区别 IE 系列浏览器及 Firefox 浏览器，用法与属性选择符相同。例如：

```
span  . container {   color:blue;   }
span>. container {   color:red;   }
```

在 IE 浏览器中，span 下 class 名为 content 的文本会呈现蓝色，而同样的对象在 Firefox 下的文本会呈现红色。

5. + Hack

+ Hack 方法非常简单也易于管理，“+”号用于区分 IE 系列浏览器与其他浏览器。代码如下：

```
# container {
    width:400px;
    +width:380px;   /* IE 可执行 */
}
```

在相同的属性设置下，带有＋号的属性只能在 IE 5 及以上版本下运行，这样就可以通过这种方式去区分对待 IE 系列浏览器与其他浏览器。

6. _Hack 及 IE 7 的 Hack 方式

使用＋Hack 可以区别 IE 与其他浏览器，但部分兼容性效果是特别针对 IE 7 设置的。到目前为止，IE 7 还不支持下划线的属性写法，因此可以结合上面的使用方法，增加对 IE 7 的 Hack 设置。代码如下：

```
#container{
    width:400px;
    +width:380px;              /*IE 7 可执行*/
    _width:200px;              /*IE 6 可执行*/
}
```

提示：只被 IE 6 浏览器解析的_Hack 样式，在实现 main 区左侧和右侧的效果时会使用到。即在设置左侧或右侧上、下两个模块的 margin 边距时，在 IE 6 下会在下面模块的圆角背景部分跟下面边框部分产生空隙，解决方案就是采用 CSS Hack 技术的加"_"的样式来解决。

11.2.3 ul 的不同表现

ul 列表也是在 IE 与 Firefox 中容易发生问题的对象，主要原因源自 Firefox 对 ul 对象的默认值设置。看如下代码。

```
<div id="layout">
    <ul>
      <li>首页</li>
      <li>我的叮当</li>
      <li>图书分类</li>
    </ul>
</div>
```

下面是 CSS 代码：

```
#layout{
    border:1px solid #333;
}
ul{
    list-style:none;
}
```

目前代码非常简单，显示效果没有任何问题，但是当在 ul 样式中加入 margin-left：0px 时，问题就出现了。在 IE 下，ul 里面的内容靠左对齐；而在 Firefox 下，没有任何反应。如果在 ul 样式中只加入 padding-left:0px 时，在 Firefox 下，ul 里面的内容就靠左对齐；而 IE 下，没有任何反应。因此，针对以上的问题，可以为 ul 设置 margin:0px 和 padding:0px 两行代码，先统一 ul 的边距。

11.2.4 容器不扩展问题

容器不扩展问题是指当一个父盒子中的所有子盒子都设置了 CSS 浮动样式，脱离了整个文档流后，父盒子由于没有了子盒子的内容而高度变为 0px 的问题。

解决方法是：在父盒子的里面加上一个子盒子，并将这个子盒子的 CSS 样式设置为 clear:both(即清除所有浮动效果)。

11.3 任务实施

整个 main_center 区的设计分 3 个部分，分别是主编推荐区、本月新出版区和本周媒体热点区。本任务主要具体实施主编推荐区和本月新出版区。本周媒体热点区由于基本效果跟主编推荐区的效果大致相同，因此，由读者在本任务实施的基础上自行独立完成，以检验下读者的掌握情况。下面先来看一下整个 main 区中主编推荐区的 XHTML 结构代码。

```
/*主编推荐区*/
<div class="center_top">
    <div class="centertopclass">
        <ul>
            <li class="centertopullione">主编推荐  最全的图书、最低的价格尽在叮当
              网</li>
            <li class="centertopullitwo"><a href="#">详情 &gt;&gt;</a></li>
        </ul>
        <div class="clear"></div>
    </div>
    <div>
        <a href="#"><img src="images/BookCovers/978711515888_new.jpg"
           height="180" width="132" alt="" class="centerbookimg" /></a>
        <h5><a href="#" class="booktitle">Effective C# 中文改善版</a></h5>
        <p class="bookcontents">本书围绕一些关于 C# 和.NET 的重要主题，包括 C# 语言
          元素、.NET 资源管理、使用 C# 表达设计、创建二进制组件和使用框架等，讲述了最常
          见的 50 个问题的解决方案，为程序员提供了改善 C# 和.NET 程序的方法。本书通过
          将每个条款构建在之前的条款之上，并合理地利用之前的条款，来让读者最大限度地
          学习书中的内容，为其在不同情况下使用最佳构造提供指导。本书适合各层次的 C#
          程序员阅读，同时可以推荐给高校教师(尤其是软件学院教授 C#/.NET 课程的老
          师)，作为 C# 双语教学的参考书...</p>
        <p><span class="spanone">定价：¥49 元</span>
        <span class="spantwo">折扣价：¥38 元</span>
```

```
            <span class="spanthree">折扣：75 折</span></p>
        </div>
        <div class="clear"></div>
    </div>
```

接着再来看下整个 main_center 区中本月新出版区的 XHTML 结构代码。

```
    /*本月新出版区*/
    <div class="center_middle">
        <div class="centertopclass">
            <ul>
                <li class="centertopullione">本月新出版 最新最热全收录，全场打折，天天特价
                  </li>
                <li class="centertopullitwo"><a href="#">更多 &gt;&gt;</a></li>
            </ul>
        </div>
        <div class="centerulli">
        <ul>
            <li>
                <a href="#"><img src="images/BookCovers/1.jpg" alt="" /></a>
                <h5><a href="#" class="centerullititle">Effective ASP.NET 中文版</a>
                  </h5>
                <p class="centerulliprice"><span class="delprice">¥49.0</span>
                <span>¥28.0</span></p>
            </li>
            <li>
                <a href="#"><img src="images/BookCovers/2.jpg" alt="" /></a>
                <h5><a href="#" class="centerullititle">C#中文版</a></h5>
                <p class="centerulliprice"><span class="delprice">¥39.0</span>
                <span>¥27.0</span></p>
            </li>
            <li>
                <a href="#"><img src="images/BookCovers/3.jpg" alt="" /></a>
                <h5><a href="#" class="centerullititle">Effective ASP.NET 中文版</a>
                  </h5>
                <p class="centerulliprice"><span class="delprice">¥49.0</span>
                <span>¥28.0</span></p>
            </li>
            <li>
                <a href="#"><img src="images/BookCovers/4.jpg" alt="" /></a>
                <h5><a href="#" class="centerullititle">C#中文版</a></h5>
                <p class="centerulliprice"><span class="delprice">¥39.0</span>
                <span>¥27.0</span></p>
            </li>
            <li>
                <a href="#"><img src="images/BookCovers/5.jpg" alt="" /></a>
                <h5><a href="#" class="centerullititle">Effective ASP.NET 中文版</a>
                  </h5>
```

```
            <p class="centerulliprice"><span class="delprice">￥49.0</span>
            <span>￥28.0</span></p>
        </li>
        <li>
            <a href="#"><img src="images/BookCovers/6.jpg" alt="" /></a>
            <h5><a href="#" class="centerullititle">C# 中文版</a></h5>
            <p class="centerulliprice"><span class="delprice">￥39.0</span>
            <span>￥27.0</span></p>
        </li>
        <li>
            <a href="#"><img src="images/BookCovers/7.jpg" alt="" /></a>
            <h5><a href="#" class="centerullititle">Effective ASP.NET 中文版</a>
              </h5>
            <p class="centerulliprice"><span class="delprice">￥49.0</span>
            <span>￥28.0</span></p>
        </li>
        <li>
            <a href="#"><img src="images/BookCovers/8.jpg" alt="" /></a>
            <h5><a href="#" class="centerullititle">C# 中文版</a></h5>
            <p class="centerulliprice"><span class="delprice">￥39.0</span>
            <span>￥27.0</span></p>
        </li>
      </ul>
      <div class="clear"></div>
    </div>
</div>
```

本任务完成后，整个 main_center 区的 CSS 样式代码如下：

```
/* 其中，main 区左侧图书分类、品牌出版社、用户登录、点击 Top10 的 CSS 样式由读者自行完成
   实现，这里不再进行叙述 */
.main_center{
    float:left;
    width:642px;
    margin:0 10px;
}
```

11.3.1 首页 main_center 区主编推荐区样式

本模块按照手绘设计稿和 XHTML 结构来分析，可以分成上、下两个部分。上面部分是模块的标题行，下面部分是主编推荐的图书展示区。其中，图书封面和图书信息是一个图文混排的效果。

1. 主编推荐区上面部分

CSS 代码如下：

```
/ * 新增以下样式 * /
.center_top{
    padding-bottom:20px;    / * 设置主编推荐区与下面本月新出版区的盒子间距为 20px * /
}
.centertopclass{
    margin:0;               / * 使用 CSS 样式缩写效果 * /
    padding:0;
}
.centertopclass ul{
    margin:0;
    padding:0;              / * 通过设置 margin 和 padding 为 0px,解决 ul 的表现不同问题 * /
    list-style-type:none;
}
.centertopclass ul li{
    float:left;
}
.centertopullione{
    width:480px;
    height:30px;
    background:#fff url(../images/index_arrow.gif) no-repeat left top; / * 背景 CSS 缩写 * /
    padding:0 0 0 20px;
    color:#c49238;
    font-weight:bold;
    letter-spacing:0.1em;
}
.centertopullitwo{
    width:142px;
    text-align:right;
}
.centertopullitwo a{
    color:#000;
    text-decoration:none;
}
```

通过以上的样式设置后，main_center 区主编推荐、本月新出版和本周媒体热点 3 个区域的上面部分都实现了最终效果，效果如图 11-3 所示。

2. 主编推荐区下面部分

在本部分的实现过程中，首先要解决图文混排的问题。在实际的开发中，可以使用浮

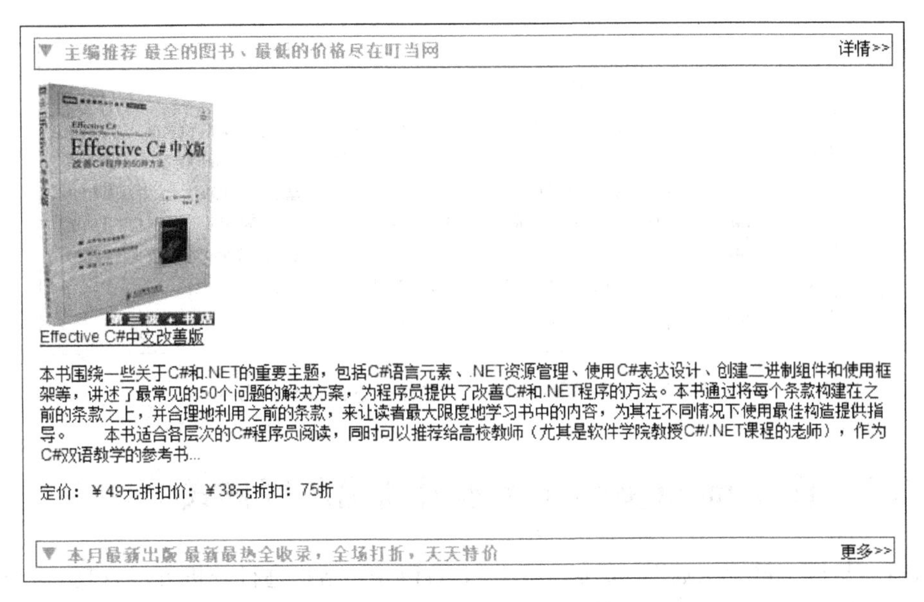

图 11-3 首页 main 区 3 个模块上面部分的效果

动样式，设置图片左浮动，脱离文档流，让文本开始从图片的右侧进行排列显示。

CSS 代码如下：

```
/* 新增以下代码，实现主编推荐区下面部分效果 */
.centerbookimg{
    float:left;                      /* 设置图片左浮动，实现图文混排效果 */
    margin:10px 10px 10px 0;         /* 使用缩写，设置图片外边距上、右、下都是 10px */
border:none;                         /* 去除图片超链接的外边框 */
}
.booktitle{                          /* 设置图书标题文本效果 */
    font-size:14px;
    font-weight:normal;
    color:#06329b;
}
.bookcontents{                       /* 设置图书简介文本效果 */
    text-indent:20px;                /* 设置文本段落为首行缩进效果 */
    line-height:24px;
}
.spanone,.spantwo,.spanthree{
    margin-right:20px;
}
.spanone{
    text-decoration:line-through;    /* 设置定价删除线效果 */
}
```

通过以上两步的设置，主编推荐区下面部分的效果已经实现，如图 11-4 所示。

图 11-4 首页 main 区主编推荐区下面部分的效果

11.3.2 首页 main_center 区本月新出版区样式

通过对“叮当网上书店”首页最终效果和 XHTML 结构进行分析可以发现，这个模块是由 8 个 li 标签组成的一组图书图片的自适应展示。本月新出版区的总宽度是 642px，根据盒子模型的计算公式，每组显示 4 本图书，共 2 组，那么每个 li 盒子的宽度最大值为 160px。

CSS 代码如下：

```
/*新增以下样式，实现本月新出版区的效果*/
.centerulli{
    margin:0;
    padding:0;
    text-align:left;                /*设置 DIV 盒子中内容左对齐*/
}
.centerulli ul{
    margin:0;                       /*设置 margin 为 0，解决 ul 表现不同的问题*/
    padding:0;                      /*设置 padding 为 0，解决 ul 表现不同的问题*/
    list-style-type:none;           /*去除 ul 的项目符号*/
}
.centerulli ul li{
    float:left;                     /*设置 li 左浮动，实现自适应效果*/
    width:160px;                    /*根据盒子模型的计算，每个 li 盒子的宽度为 160px*/
    padding-bottom:20px;
    overflow:hidden;   /*设置超出 li 盒子宽度的内容为隐藏，这样可以解决 li 盒子中因为内容
                         长度太长使 li 盒子的宽度被撑开的问题。这个样式可以用于所有固
                         定宽度的盒子不被盒子里面内容的宽度撑开的情况*/
}
.centerulli ul li a{
    display:block;                  /*将行内元素 a 盒子转换成块级元素*/
    width:160px;
    text-align:center;
}
.centerulli ul li a img{
    width:88px;
```

```
    height:117px;
    border:none;                          /* 去除超链接图片的外边框 */
}
.centerullititle{
    display:block;
    width:100px;
    margin:0 auto;
      /* 跟 width:100px 搭配使用,设置 margin 水平方向 auto,就是固定宽度且居中板式 */
    padding:0;
    color:#06329b;
    font-size:12px;
    height:20px;
    line-height:20px;
    font-weight:normal;
}
.centerulliprice{
    width:100px;
    margin:0 auto;                        /* 同上,设置固定宽度且居中板式 */
    padding:0;
}
.centerulliprice span{
    float:left;
    width:50px;
    text-align:center;
}
.delprice{
    text-decoration:line-through;
}
```

此时首页 main_center 区本月新出版区的效果已经实现,如图 11-5 所示。

图 11-5　首页 main 区本月新出版区的效果

至此，Bill 已经完成了本任务中最重要、最复杂的两个子任务，首页 main_center 区的效果基本实现，也让广大读者对 CSS 的高级使用技巧和 CSS Hack 等有了一定理解和掌握，对各种浏览器的常见解析和兼容性问题也有了意识上和技能上的提高。希望广大读者在后续的学习和任务完成中能够熟练使用。

11.4 任务拓展

本任务重点完成了首页 main_center 区主编推荐区和本月新出版区的两个部分的效果，也通过 CSS 高级使用技巧和 CSS Hack 技术，解决了常用浏览器对 CSS 的兼容性问题。让读者在 CSS 样式编码的能力更上了一个层次。

11.4.1 首页 main_center 区媒体热点区样式

通过对 main_center 区本周媒体热点区效果与主编推荐区的效果进行对比可以清晰地发现，这两个模块的效果基本相同，主要是实现图文混排效果。因此，本周媒体热点区的效果由读者自己在理解主编推荐区效果实现的基础上，独立自行完成，效果如图 11-6 所示。

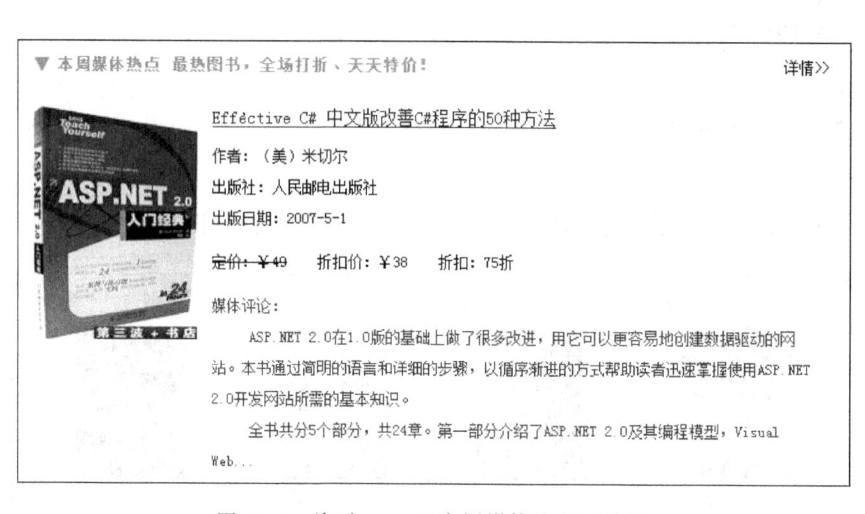

图 11-6 首页 main 区本周媒体热点区效果

11.4.2 首页 footer 区样式

到此，除 footer 底部以外，“叮当网上书店”首页的效果基本实现。由于 footer 底部的所有知识和技能（即图片样式、文本样式和超链接样式）跟前面的任务相同，因此，也需要读者根据掌握的知识和技能完成 footer 底部的效果，如图 11-7 所示。

图 11-7 首页 footer 区效果

11.5 任务小结

通过本任务的学习和实践，Bill 掌握了 CSS 缩写、CSS 高级应用技巧、CSS Hack 技术和浏览器解析和兼容性问题的解决方法。其中，CSS 缩写和 CSS 高级应用技巧是本任务的重点，要求熟练掌握，这样在以后的 CSS 编码中，可是使代码更加简洁；CSS Hack 技术和浏览器解析及兼容性问题是本任务的难点，需要通过项目实践多练、多做、多积累经验，这样才能真正掌握该方面的技能，为适应以后社会岗位的需求，不断提高个人网站设计与制作的能力，为培养具有 IT 特色的“现代性班组长”人才培养目标打下坚实的基础。

11.6 能力评估

1. 常用的 CSS 缩写有哪些？其语法是什么？
2. 什么是 CSS Hack 技术？
3. 常用的 CSS Hack 技术有哪些？分别针对哪些版本的浏览器？
4. 如何实现图文混排效果？
5. 如何隐藏超出盒子大小的内容？

任务 12 “叮当网上书店”购物车页样式

从任务 1 实施到任务 11，Bill 已经基本已经将“叮当网上书店”的首页效果和其他页面的基本结构完成，也掌握了 Web 前端技术的基本理论知识和技能。本任务主要解决的是如何通过表格将软件研发中的大数据量进行布局和展示的问题，并培养读者在进行页面布局时区分何种情况下采用 div 标签，何种情况下采用 table 标签的能力。通过对 table 标签的学习和使用，使已经逐渐淡出网页布局的 table 标签与主流的 div 标签相辅相成，各取所长。

学习目标

(1) 掌握常用的表格样式控制方法。

(2) 掌握细线表格的设置方法。

(3) 掌握表格的各行变色方法。

12.1 任务描述

购物车就像去超市购物时，超市提供给顾客的手推车或者提篮，主要的功能是方便顾客在选购商品时，将自己准备购买的商品临时放在手推车或者提篮中，方便顾客可以不断持续地进行购物，在选购结束前，顾客可以对购物车或者提篮中选定商品做出买与不买的决定。

本任务的购物车页，实现对用户在网上购物时选定商品的临时存储功能。在结算时，可以对购物车中的选定商品进行修改等操作。因此，本页面是一个大数据量的布局和展示页面，如果采用主流的 div 标签进行布局，由于展示的数据量较大，数据的结构比较复杂，所以比较困难。而传统的 table 标签能够很好地解决这个问题。因此在本任务中采用 table 标签来进行布局设计。

table 标签能够很好地解决软件研发中大数据量的布局和展示功能，但是其本身的样式效果一般，而且在 CSS 中没有专门的样式来为 table 标签服务，因此表格的效果一般采用 margin、padding、border 和 background 等样式来进行设计。

本任务的原始效果如图 12-1 所示。

我的购物车您选好的商品：
商品号商品名价格数量操作

商品金额总计：¥126.40 您共节省：¥48.60				
□	20019134 五月俏家物语	¥16.50 ¥13.00 79折	1	删除 | 修改
□	万代拓麻歌子水晶之恋（透明红）	¥138.00 ¥93.00 67折	1	删除 | 修改
□	魅惑帝王爱	¥24 ¥20.40 75折	1	删除 | 修改
□	万代拓麻歌子水晶之恋（透明红）	¥138.00 ¥93.00 67折	1	删除 | 修改
□	20019134 五月俏家物语	¥16.50 ¥13.00 79折	1	删除 | 修改
□	万代拓麻歌子水晶之恋（透明红）	¥138.00 ¥93.00 67折	1	删除 | 修改
□	魅惑帝王爱	¥24 ¥20.40 75折	1	删除 | 修改
□	万代拓麻歌子水晶之恋（透明红）	¥138.00 ¥93.00 67折	1	删除 | 修改
□	魅惑帝王爱	¥24 ¥20.40 75折	1	删除 | 修改
□	万代拓麻歌子水晶之恋（透明红）	¥138.00 ¥93.00 67折	1	删除 | 修改
□	魅惑帝王爱	¥24 ¥20.40 75折	1	删除 | 修改
第一页123...4950最后一页跳转到 1 页 Go				

图 12-1 购物车页原始效果

购物车页的最终效果如图 12-2 所示。

我的购物车 您选好的商品：

商品号	商品名	价格	数量	操作
商品金额总计：¥126.40 您共节省：¥48.60 结 算				
□	20019134 五月俏家物语	~~¥16.50~~ ¥13.00 79折	1	删除 | 修改
□	万代拓麻歌子水晶之恋（透明红）	~~¥138.00~~ ¥93.00 67折	1	删除 | 修改
□	魅惑帝王爱	~~¥24~~ ¥20.40 75折	1	删除 | 修改
□	万代拓麻歌子水晶之恋（透明红）	~~¥138.00~~ ¥93.00 67折	1	删除 | 修改
□	20019134 五月俏家物语	~~¥16.50~~ ¥13.00 79折	1	删除 | 修改
□	万代拓麻歌子水晶之恋（透明红）	~~¥138.00~~ ¥93.00 67折	1	删除 | 修改
□	魅惑帝王爱	~~¥24~~ ¥20.40 75折	1	删除 | 修改
□	万代拓麻歌子水晶之恋（透明红）	~~¥138.00~~ ¥93.00 67折	1	删除 | 修改
□	魅惑帝王爱	~~¥24~~ ¥20.40 75折	1	删除 | 修改
□	万代拓麻歌子水晶之恋（透明红）	~~¥138.00~~ ¥93.00 67折	1	删除 | 修改
□	魅惑帝王爱	~~¥24~~ ¥20.40 75折	1	删除 | 修改
第一页 1 2 3 ... 49 50 最后一页 跳转到 1 页 Go				

图 12-2 购物车页的最终效果

12.2 相关知识

本任务主要是在表格的设计中加入细线表格和隔行变色等外观效果，以提升用户体验。

12.2.1 细线表格

在 Web 2.0 的时代到来后，表格在网页设计布局中的比重大大降低了。但是表格作为一种非常特殊而且实用的数据表达方式，却从来没有跳出设计师们的视野。毕竟很多数据都需要通过表格形式来表现，如本项目中的购物车页、用户注册页和用户登录页等。

本任务主要分析表格的展示效果及实现细线表格的效果。表格的默认效果可以通过 Dreamweaver 的设计视图看出来。正常情况下，Dreamweaver 表格的每一条边框都有两条虚线边框，但在浏览器中表格的边框线比较粗大，不符合平时项目制作中边框线为 1px 的效果。

那么为什么表格在默认情况下是这样的效果呢？原因主要在于使用表格进行布局设计时，插入的新表格有两个默认的属性值，分别是 cellspacing(单元格间距)和 cellpadding(单元格填充)，这两个属性值在默认情况下都是 2px。因此就出现了在 Dreamweaver 中一条边两个边框线的效果。要解决它，只要在插入表格时，分别将以上两个值都设置为 0px 即可。

但是将以上两个属性设置为 0px 后，虽然在 Dreamweaver 中是单边框表格线了，但是在浏览器中显示时还是感觉边框线比较粗大，仍然不符合 1px 细线表格的要求。即使将表格的 table、tr、td 等盒子都加上 border 样式，设置边框线为 1px，效果仍然没有变化。回想表格的组成结构就不难发现，其实组成表格的 table、tr、td 都符合盒子模型，每个盒子都有自己的 border，当边框发生重叠时，是分别用各自的边框还是将边框线条合并使用呢？解决了这个问题，细线表格效果就实现了。在 Web 2.0 下，采用如表 12-1 所示的 CSS 样式来实现细线表格。

表 12-1 边框的 border-collapse 样式

属 性	描 述	可用值
border-collapse	将边框线条进行合并	collapse
	将边框线条独立存在(与 collapse 相反效果)	separate

通过对标签设置 border-collapse:collapse 后，即可实现细线表格效果。

12.2.2 表格隔行变色

当表格的行和列都很多，并且数据量很大的时候，为避免单元格采用相同的背景色会使浏览者感到凌乱，发生看错行的情况，可以将奇数行和偶数行的背景颜色设置得不一样来解决问题。实现表格隔行变色效果很简单，只要给偶数行 tr 标签设置不同于奇数行 tr 标签的背景颜色即可。采用的 CSS 样式就是 background-color。

12.3 任务实施

购物车页的 main 区也是上下结构，下面模块是上、中、下结构的圆角边框效果，在圆角边框的中间部分，才要用表格 TABLE 布局。因此，在了解了购物车页的整个文档组织结构后，Bill 将采用细线表格和隔行变色来实现购物车页的最终效果。购物车页 main 区的 XHTML 结构代码如下：

```
/*购物车页 main 区中间主体*/
<div id="main">
    <div class="shoppingtitle"><span class="myshoppingcar">我的购物车</span>
        <span class="myproducts">您选好的商品：</span></div>
    <div class="shoppingtabletop">
        <table>
            <thead>
                <tr>
                    <th class="firsttd">商品号</th><th class="secondtd">商品名
                    </th>
                    <th class="threetd">价格</th><th class="fourtd">数量</th>
                    <th class="fivetd">操作</th>
                </tr>
            </thead>
        </table>
    </div>
    <div class="shoppingtablecenter">
        <table border="1" cellspacing="0" cellpadding="0" class="mycartable">
            <tbody>
                <tr>
                    <td colspan="5" class="firsttrtd">商品金额总计：
                        <span class="more">¥126.40</span> 您共节省：¥48.60
                        <input name="tj" type="submit" value="" class="balancebtn">
                    </td>
                </tr>
                <tr>
                    <td class="firsttd">
                        <input type="checkbox" name="choice" value=""/>
                    </td>
                    <td class="secondtd"><a href="product.html">20019134 五月俏家
                    物语</a></td>
                    <td class="threetd"><font class="line-middle">¥16.50</font>
                        <font class="more">¥13.00</font> 79 折 </td>
                    <td class="fourtd"><input name="shop1" type="text" class="
                        input1" value="1"></td>
```

```
                <td class="fivetd"><a href="product.html">删除</a> |
                <a href="product.html">修改</a></td>
            </tr>
            <tr class="oushutrtd">
                <td><input type="checkbox" name="choice" value=""/></td>
                <td><a href="product.html">万代拓麻歌子水晶之恋(透明红)</a></td>
                <td><font class="line-middle">￥138.00 </font>
                    <font class="more">￥93.00</font> 67 折 </td>
                <td><input name="shop2" type="text" class="input1" value="1"></td>
                <td><a href="product.html">删除</a> |
                    <a href="product.html">修改</a></td>
            </tr>

                <tr>
                    /*以下隔行的 XHTML 代码省略*/
                </tr>

        </tbody>
        <tfoot>
            <tr>
                <td colspan="5">
                    <div class="pages">
                        <a href="#" class="num">第一页</a>
                        <span class="num_now">1</span>
                        <a href="#" class="num">2</a>
                        <a href="#" class="num">3</a>...
                        <a href="#" class="num">49</a>
                        <a href="#" class="num">50</a>
                        <a href="#" class="num">最后一页</a>跳转到  
                        <input type="text" class="tiaozhuan" value="1" />
                         页  <a href="#" class="golink">Go</a>
                    </div>
                </td>
            </tr>
        </tfoot>
      </table>
    </div>
    <div class="shoppingtablefooter"></div>
    <div class="clear"></div>
</div>
```

按照购物车页 main 区自上至下的实现流程，Bill 先带领大家实现 Class = "shoppingtitle"部分的样式。加入如下的 CSS 样式代码：

```
/*新增.shoppingtitle,.myshoppingcar,.myproducts 样式*/
.shoppingtitle{
    width:982px;
```

```
    height:30px;
    background: #fff url(../images/bigshopping.png) no-repeat left top;
}
.myshoppingcar{
    padding-left:28px;
    font:20px "微软雅黑";
    color: #008b68;
}
.myproducts{
    margin-left:20px;
    font-size:14px;
    font-weight:bold;
}
```

设置完成之后的效果如图 12-3 所示。

我的购物车 您选好的商品：

商品号商品名价格数量操作

			商品金额总计：¥126.40 您共节省：¥48.60	
□	20019134 五月俏家物语	¥16.50 ¥13.00 79折	1	删除 | 修改
□	万代拓麻歌子水晶之恋（透明红）	¥138.00 ¥93.00 67折	1	删除 | 修改
□	魅惑帝王爱	¥24 ¥20.40 75折	1	删除 | 修改
□	万代拓麻歌子水晶之恋（透明红）	¥138.00 ¥93.00 67折	1	删除 | 修改
□	20019134 五月俏家物语	¥16.50 ¥13.00 79折	1	删除 | 修改
□	万代拓麻歌子水晶之恋（透明红）	¥138.00 ¥93.00 67折	1	删除 | 修改
□	魅惑帝王爱	¥24 ¥20.40 75折	1	删除 | 修改
□	万代拓麻歌子水晶之恋（透明红）	¥138.00 ¥93.00 67折	1	删除 | 修改
□	魅惑帝王爱	¥24 ¥20.40 75折	1	删除 | 修改
□	万代拓麻歌子水晶之恋（透明红）	¥138.00 ¥93.00 67折	1	删除 | 修改
□	魅惑帝王爱	¥24 ¥20.40 75折	1	删除 | 修改

第一页123...4950最后一页跳转到 1 页 Go

图 12-3 设置完.shoppingtitle 层样式后的效果

接下来实现购物车页中的圆角背景效果。

CSS 样式代码如下：

```
/*新增以下样式,实现圆角背景的效果*/
.shoppingtabletop{
    width:962px;  /*子盒子的宽度计算要按照盒子模型的计算公式,因为下面 padding 设置了
                  左、右均为 10px,因此此处的盒子宽度是总宽度是由 982px 减去 20px 得
                  到的*/
    height:26px;
    margin:0;
    padding:0 10px;
    background: #fff url(../images/shoppingtopbg.png) no-repeat left top;
                                                        /*设置圆角背景图片*/
```

```
}
.shoppingtablecenter{
    width:962px;
    height:auto;
    margin:0;
    padding:5px 10px;
    background:#fff url(../images/shoppingcenterbg.png) repeat-y left top;
    /*设置圆角背景图片*/
}
.shoppingtablefooter{
    width:982px;
    height:11px;
    margin:0;
    padding:0;
    background:#fff url(../images/shoppingfooterbg.png) no-repeat left top;
    /*设置圆角背景图片*/
}
.shoppingtabletop table{
    margin:0;
    padding:0;
    border:0;
    width:100%;
}
.shoppingtabletop table tr th{/*设置表格 thead 部分样式*/
    font:14px normal;
    text-align:center;
    padding-top:3px;
}
```

以上 CSS 代码实现的效果如图 12-4 所示。

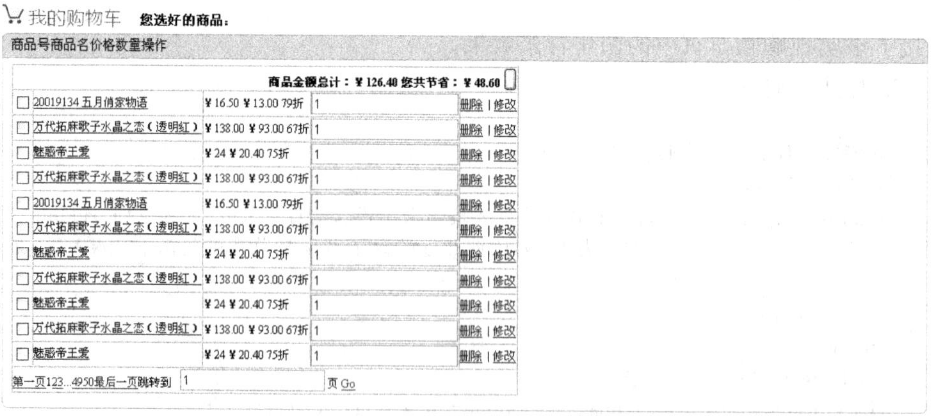

图 12-4　购物车页圆角背景实现后的效果

12.3.1 购物车页表格列表效果

本任务中最关键的、最复杂的效果就在表格布局设计的表格效果部分，也是本任务的重点和难点。本任务分成 4 个步骤来实现。

1. 编写表格全局样式代码

CSS 代码如下：

```
/*新增以下样式*/
.mycartable{
    width:962px;
    height:auto;
    font:12px "宋体","Times New Roman", Times, serif;
}
/*通过中间用逗号隔开的方式来进行样式的集体声明*/
.mycartable,.mycartable tr,.mycartable tr td{
    border:1px #ccc solid;
    margin:0;
    padding:0;
    border-collapse:collapse;    /*细线表格*/
    font-size:12px;
    text-align:center;
}
.mycartable tr{
    height:30px;
}
```

效果如图 12-5 所示。

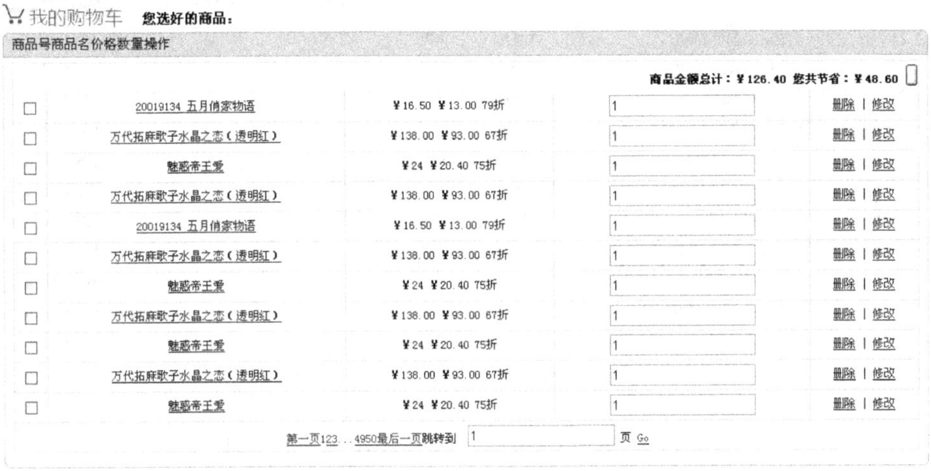

我的购物车 您选好的商品：

商品号商品名价格数量操作

商品金额总计：￥126.40 您共节省：￥48.60

□	20019134 五月倘家物语	￥16.50 ￥13.00 79折	1	删除 | 修改
□	万代拓麻歌子水晶之恋（透明红）	￥138.00 ￥93.00 67折	1	删除 | 修改
□	魅惑帝王爱	￥24 ￥20.40 75折	1	删除 | 修改
□	万代拓麻歌子水晶之恋（透明红）	￥138.00 ￥93.00 67折	1	删除 | 修改
□	20019134 五月倘家物语	￥16.50 ￥13.00 79折	1	删除 | 修改
□	万代拓麻歌子水晶之恋（透明红）	￥138.00 ￥93.00 67折	1	删除 | 修改
□	魅惑帝王爱	￥24 ￥20.40 75折	1	删除 | 修改
□	万代拓麻歌子水晶之恋（透明红）	￥138.00 ￥93.00 67折	1	删除 | 修改
□	魅惑帝王爱	￥24 ￥20.40 75折	1	删除 | 修改
□	万代拓麻歌子水晶之恋（透明红）	￥138.00 ￥93.00 67折	1	删除 | 修改
□	魅惑帝王爱	￥24 ￥20.40 75折	1	删除 | 修改

第一页123...4950最后一页跳转到 1 页 Go

图 12-5 表格全局样式的效果

2. 编写表格 tbody 第一行.firsttrtd 样式代码

CSS 代码如下：

```
/＊新增以下代码，实现 table 的 tbody 合并第一行单元格的效果 ＊/
.firsttrtd{
    text-align:right;                  /＊td 盒子中的内容右对齐＊/
    padding:0;
    margin:0;
    height:46px;
    line-height:46px;
    font-weight:normal;                /＊文字不加粗显示＊/
    letter-spacing:0.02em;             /＊使文字间距适当加宽＊/
}
/＊.more 不在容器中定义，目的是实现样式的复用＊/
.more{
    color:#ff7000;
}
.balancebtn{
    width:103px;
    height:36px;
    background:#fff url(../images/shoppingbtn.png) no-repeat left top;
    border:none;
    vertical-align:middle;/＊设置此样式实现图片与文本的垂直居中效果＊/
    margin-left:20px;
}
```

效果如图 12-6 所示。

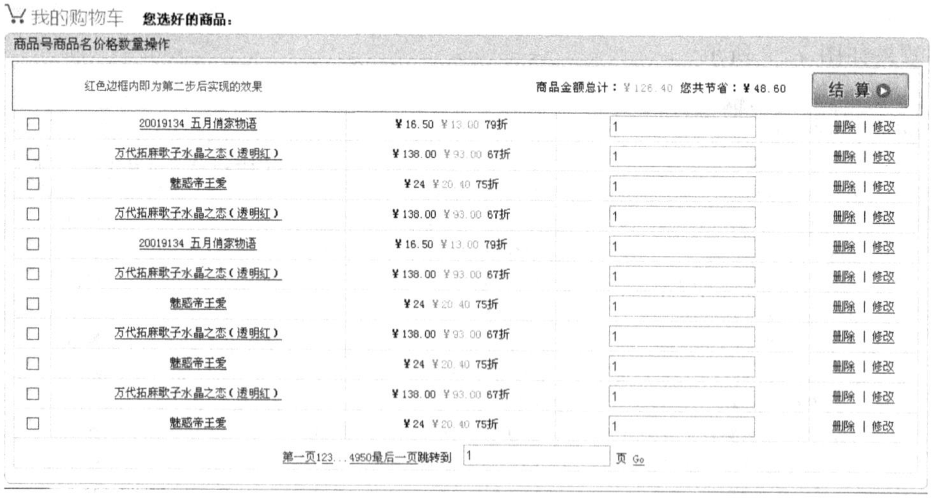

我的购物车　您选好的商品：

商品号商品名价格数量操作

红色边框内即为第二步后实现的效果　　商品金额总计：¥126.40　您共节省：¥48.60　结 算

□	20019134 五月俏家物语	¥16.50 ¥13.00 79折	1	删除 | 修改
□	万代拓麻歌子水晶之恋(透明红)	¥138.00 ¥93.00 67折	1	删除 | 修改
□	魅惑帝王爱	¥24 ¥20.40 75折	1	删除 | 修改
□	万代拓麻歌子水晶之恋(透明红)	¥138.00 ¥93.00 67折	1	删除 | 修改
□	20019134 五月俏家物语	¥16.50 ¥13.00 79折	1	删除 | 修改
□	万代拓麻歌子水晶之恋(透明红)	¥138.00 ¥93.00 67折	1	删除 | 修改
□	魅惑帝王爱	¥24 ¥20.40 75折	1	删除 | 修改
□	万代拓麻歌子水晶之恋(透明红)	¥138.00 ¥93.00 67折	1	删除 | 修改
□	魅惑帝王爱	¥24 ¥20.40 75折	1	删除 | 修改
□	万代拓麻歌子水晶之恋(透明红)	¥138.00 ¥93.00 67折	1	删除 | 修改
□	魅惑帝王爱	¥24 ¥20.40 75折	1	删除 | 修改

第一页123...4950最后一页跳转到 1 页 Go

图 12-6　表格 tbody 第一行.firsttrtd 样式的效果

3. 编写表格 tbody 第二行开始样式代码

CSS 代码如下：

```
/* 新增以下代码,实现 table 的 tbody 第二行开始部分的效果 */
/* 以下 5 个样式不加限定的标签,也是为了实现代码的复用 */
.firsttd{
    width:90px;
}
.secondtd{
    width:430px;
}
.threetd{
    width:282px;
}
.fourtd{
    width:80px;
}
.fivetd{
    width:80px;
}
.mycartable tbody .input1{
    background:#fff;
    border:1px #ccc solid;
    width:30px;
    text-align:center;
}
.mycartable tbody tr td font{
    margin-right:5px;
}
.mycartable tbody tr td a{
    font-size:12px!important;    /* 通过!important 制定该样式的优先级 */
    color:#0066cc;
    text-decoration:underline;
}
.mycartable tbody tr td a:hover{
    color:#ff0000;
    text-decoration:underline;
}
.mycartable tbody .line-middle{
    text-decoration:line-through;
}
```

效果如图 12-7 所示。

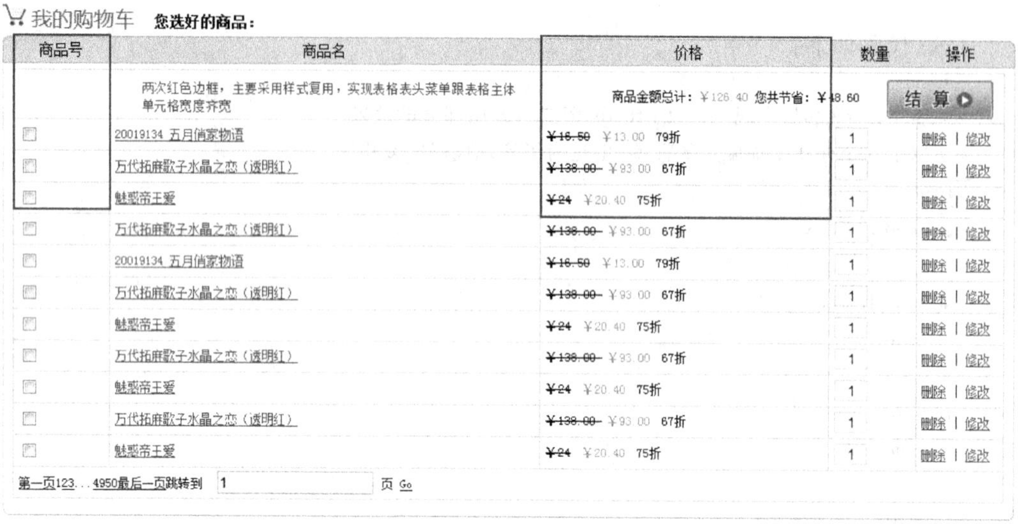

我的购物车 **您选好的商品：**

商品号	商品名	价格	数量	操作
	两次红色边框，主要采用样式复用，实现表格表头菜单跟表格主体单元格宽度齐亮	商品金额总计：￥126.40 您共节省：￥48.60		结 算
☐	20019134 五月俏家物语	~~￥16.50~~ ￥13.00 79折	1	删除 | 修改
☐	万代拓麻歌子水晶之恋（透明红）	~~￥138.00~~ ￥93.00 67折	1	删除 | 修改
☐	魅惑帝王爱	~~￥24~~ ￥20.40 75折	1	删除 | 修改
☐	万代拓麻歌子水晶之恋（透明红）	~~￥138.00~~ ￥93.00 67折	1	删除 | 修改
☐	20019134 五月俏家物语	~~￥16.50~~ ￥13.00 79折	1	删除 | 修改
☐	万代拓麻歌子水晶之恋（透明红）	~~￥138.00~~ ￥93.00 67折	1	删除 | 修改
☐	魅惑帝王爱	~~￥24~~ ￥20.40 75折	1	删除 | 修改
☐	万代拓麻歌子水晶之恋（透明红）	~~￥138.00~~ ￥93.00 67折	1	删除 | 修改
☐	魅惑帝王爱	~~￥24~~ ￥20.40 75折	1	删除 | 修改
☐	万代拓麻歌子水晶之恋（透明红）	~~￥138.00~~ ￥93.00 67折	1	删除 | 修改
☐	魅惑帝王爱	~~￥24~~ ￥20.40 75折	1	删除 | 修改

第一页123...4950最后一页跳转到 1 页 Go

图 12-7 表格 tbody 第二行开始样式的效果

4. 编写表格 tfoot 样式代码

CSS 代码如下：

```
/* 新增以下代码，实现 Table 的 tfoot 部分的效果 */
.mycartable tfoot .pages{
    width:100%;
    margin:0;
    padding:20px 0;
}
.mycartable tfoot .num,.mycartable tfoot .num_now{
    margin:0 10px 0 0;
    padding:5px 5px;
}
.mycartable tfoot .num{
    background:#dbecf4;
    color:#000;
    text-decoration:none;
}
.mycartable tfoot .num:hover,.mycartable tfoot .num_now{
    background:#ff7000;
    color:#fff;
}
.mycartable tfoot .tiaozhuan{
    width:20px;
```

```
    text-align:center;
}
.mycartable tfoot .golink{
    color:#000;
    font:14px "Times New Roman", Times, serif;
}
```

效果如图 12-8 所示。

图 12-8 表格 tfoot 样式的效果

12.3.2 购物车页表格隔行变色效果

现在，Bill 基本实现了购物车页的最终效果，也对表格布局的意义、用处、样式等有了基本的了解。接下来，实现购物车页的最后一个效果，就是表格的隔行变色，让网站更加人性化。

购物车页中表格的奇数行的背景色就是网站的背景色，不用修改。偶数行的背景色与奇数行的不一致，因此只要为偶数行设置不同的背景色样式，即可实现效果。

CSS 代码如下：

```
/* 新增以下样式，实现购物车页表格隔行变色效果 */
.mycartable tbody .oushutrtd{
    background-color:#dbecf4;
}
```

通过以上对购物车样式的逐步完善，已经全部实现最终效果，如图 12-9 所示。

我的购物车 您选好的商品：

商品号	商品名	价格	数量	操作
商品金额总计：¥126.40 您共节省：¥48.60 结算				
	20019134 五月信家物语	~~¥16.50~~ ¥13.00 79折	1	删除 | 修改
	万代拓麻歌子水晶之恋（透明红）	~~¥138.00~~ ¥93.00 67折	1	删除 | 修改
	魅惑帝王爱	~~¥24~~ ¥20.40 75折	1	删除 | 修改
	万代拓麻歌子水晶之恋（透明红）	~~¥138.00~~ ¥93.00 67折	1	删除 | 修改
	20019134 五月信家物语	~~¥16.50~~ ¥13.00 79折	1	删除 | 修改
	万代拓麻歌子水晶之恋（透明红）	~~¥138.00~~ ¥93.00 67折	1	删除 | 修改
	魅惑帝王爱	~~¥24~~ ¥20.40 75折	1	删除 | 修改
	万代拓麻歌子水晶之恋（透明红）	~~¥138.00~~ ¥93.00 67折	1	删除 | 修改
	魅惑帝王爱	~~¥24~~ ¥20.40 75折	1	删除 | 修改
	万代拓麻歌子水晶之恋（透明红）	~~¥138.00~~ ¥93.00 67折	1	删除 | 修改
	魅惑帝王爱	~~¥24~~ ¥20.40 75折	1	删除 | 修改

第一页 1 2 3 ... 49 50 最后一页 跳转到 1 页 Go

图 12-9　设置表格隔行变色后购物车页的最终效果

12.4　任务拓展

本任务的重点是通过 CSS 样式实现细线表格设计和隔行变色效果。

根据对整个项目所有页面的分析，不难发现，除购物车页外，用户注册页、用户登录页等还是需要使用表格来进行布局。在实现本项目的服务器端功能时，使用表格进行布局设计，会大大地降低工作量，提高工作效率。

12.4.1　用户登录页样式

本任务的拓展任务就是要求读者自行完成本项目中的用户注册页、用户登录页中的表格效果。用户登录页最终效果如图 12-10 所示。

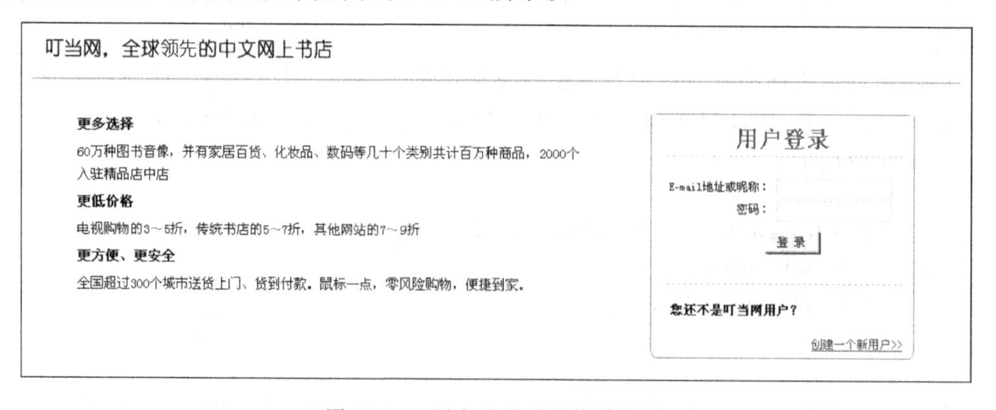

图 12-10　用户登录页最终效果图

12.4.2 用户注册页样式

用户注册页的最终效果如图 12-11 所示。

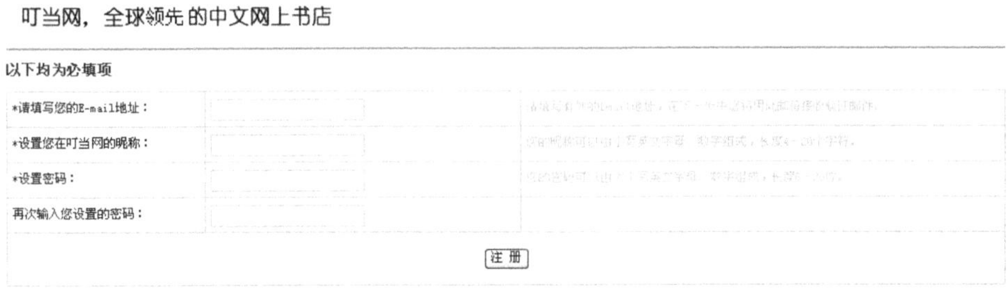

叮当网，全球领先的中文网上书店

以下均为必填项

*请填写您的E-mail地址：

*设置您在叮当网的昵称：

*设置密码：

再次输入您设置的密码：

注册

图 12-11 用户注册页最终效果图

12.5 任务小结

通过本任务的学习和实践，Bill 已经基本掌握了使用 CSS 样式对表格进行设置的方法，包括细线表格的设计和表格隔行变色的设计等。通过本任务中 Bill 关于表格的分析和描述，读者应该掌握表格布局应该用在什么地方，希望广大读者能够举一反三，灵活应用。在 Web 2.0 时代，不要完全抛弃表格布局，应该是 DIV 布局跟表格布局相结合，二者相辅相成，才能提高自己的工作效率。

12.6 能力评估

1. 如何实现细线表格？应采用何种样式？
2. 如何实现表格隔行变色？
3. 表格布局有何优势？有何缺点？
4. 何时用 DIV 布局，何时用表格布局？

第四阶段

网站的人机交互

任务13 “叮当网上书店”表单验证交互

至此，“叮当网上书店”项目的设计与制作已经基本按照网站项目开发的标准化流程接近尾声，Bill 已经把项目的所有页面制作完成，并对 Web 2.0 下的前端技术（包括 Photoshop、XHTML、CSS）有了一定的知识理解和技能掌握，对静态网站项目的设计制作与开发流程有了一定了解，从而迈入 Web 前端技术开发的大门。

是不是掌握以上的 Web 前端开发技能就可以完全适应社会岗位的需求了呢？是不是就可以成为一个合格的 Web 前端工程师了呢？答案是否定的。因为 Web 前端技术的发展非常迅速，要适应日新月异的 IT 技术岗位，必须及时了解新技术的发展动向，并及时学习新的知识和技能。本任务的主要目的就是介绍社会岗位和人才需求的标准。要想真正成为一名合格的 Web 前端工程师或合格的 Web 前端高级工程师，还需要学习目前主流的新技术和新知识——jQuery 和 Ajax 等。

本任务中，Bill 将采用 jQuery 技术实现项目中用户注册页面的表单验证交互，并通过 jQuery 提供的相关功能来实现网站项目制作与开发中的各种交互效果。

学习目标

(1) 掌握 jQuery 语法知识。

(2) 掌握 jQuery 表单验证的相关方法。

(3) 掌握采用 jQuery 实现用户注册页表单验证交互的方法。

(4) 掌握 jQuery 结合 Ajax 进行交互实现的方法。

13.1 任务描述

网站的交互功能有很多，现在随便打开一个电子商务平台的门户网站，映入眼帘的都是交互效果。这些交互效果，可以很好地吸引用户的眼球，牢牢地把用户留在自己的网站上。对于电子商务平台来说，用户就是潜在的客户，客户就是赢利的源泉，因此，交互效果的好坏直接影响着整个网站的命脉。

目前网站上常用的一些交互效果，如弹出菜单、图片轮换、弹出层、滑动门、图片展示、表单交互等都是由主流的 jQuery 技术实现的。jQuery 技术本着“write less，do more”（写得更少，做得更多）的核心理念，非常适合各个层次的人学习和使用。本任务通过用户注册页的表单验证交互，让读者接触 jQuery，并使用 jQuery 实现网站的各种交互效果。

表单验证就是把用户在表单信息中填写的数据提交给服务器端处理前对数据合法性进行校验的一种功能。表单验证分为两种：客户端验证和服务器端验证。本任务采用 jQuery 技术来实现的表单验证属于客户端验证。本任务实施前用户注册页未实现表单验证时的原始效果如图 13-1 所示。

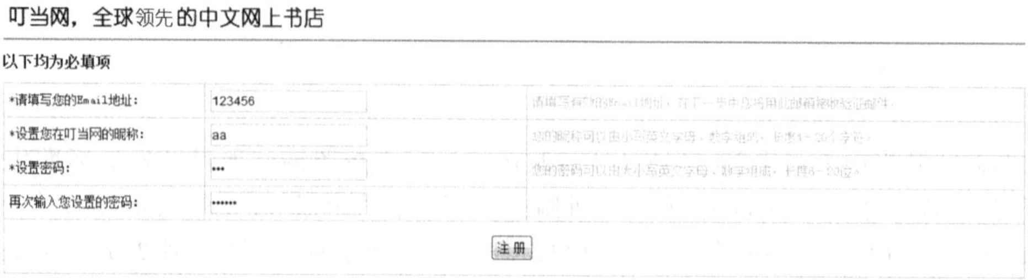

图 13-1　用户注册页未实现表单验证时的效果

如果表单提交时，没有任何表单验证，直接就把表单数据提交给服务器进行处理（比如插入、修改等），就会在表单提交数据的统一性、合法性和安全性等方面存在着严重的问题，因此而存在的风险和后果也是不可预计的。要解决这样的风险，表单验证是网站和软件研发中不可或缺的功能。本任务实施后的客户端表单验证的效果如图 13-2 所示。

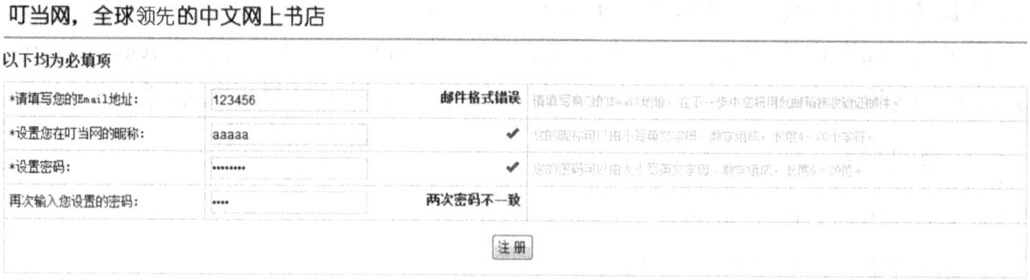

图 13-2　用户注册页实现表单验证后的效果

读者可以发现，如果在表单中输入的数据不符合规定的格式，那么数据就无法通过表单提交给后端服务器处理；如果在表单中输入的数据符合规定的格式，那么数据就可以正常的通过表单提交给后端服务器。

13.2　相关知识

13.2.1　jQuery 概述

jQuery 于 2006 年 1 月由美国人 John Resig 在纽约发布，它吸引了来自世界各地的众多 JavaScript 高手加入，由 Dave Methvin 率领团队进行开发。如今，jQuery 已经成为最流行的 JavaScript 框架，在世界前 10000 个访问最多的网站中，超过 55% 在使用 jQuery。

jQuery是免费、开源的，使用MIT许可协议。jQuery的语法设计可以使开发者更加便捷，例如操作文档对象、选择DOM元素、制作动画效果、进行事件处理、使用Ajax以及其他功能。除此以外，jQuery提供API让开发者编写插件。其模块化的使用方式使开发者可以很轻松地开发出功能强大的静态或动态网页。

jQuery具有以下特点。

(1) 动态特效。

(2) Ajax。

(3) 通过插件来扩展。

(4) 方便的工具，如浏览器版本判断。

(5) 渐进增强。

(6) 链式调用。

(7) 多浏览器支持，支持Internet Explorer 6.0+、Opera 9.0+、Firefox 2+、Safari 2.0+、Chrome 1.0+(在2.0.0中取消了对Internet Explorer 6/7/8的支持)。

提示：目前网络上针对jQuery的交互效果有很多，读者在以后的网站开发中，可以通过搜索引擎查找各种jQuery交互效果，然后根据自己的实际开发需要进行适当修改即可。

13.2.2 jQuery文件下载

要使用jQuery实现客户端表单验证，必须要包含两个jQuery文件，一个是jQuery的版本文件jquery.js；另一个是jQuery的验证控件jquery.validate.js文件。这两个文件可以通过jQuery的官网进行下载，版本比较丰富，读者可以按照自己的需求进行下载，适用单机开发。也可以从多个公共服务器选择使用，把jQuery存储在CDN公共库上可加快网站载入速度。CDN公共库是指将常用的JavaScript库存放在CDN节点，以方便广大开发者直接调用。与将JavaScript库存放在服务器单机上相比，CDN公共库更加稳定、高速。国外的有Google、Microsoft等多家公司为jQuery提供CDN服务，国内由新浪云计算(SAE)、百度云(BAE)等提供。

13.2.3 jQuery验证函数

jQuery验证控件自带了一些验证规则，方便读者在表单验证时使用。jQuery自带的验证规则如表13-1所示。

表13-1 jQuery自带的验证规则表

内置验证方法名称	返回值类型	功能描述
required()	boolean	必填验证元素
required(dependency-expression)	boolean	必填元素依赖于表达式的结果
required(dependency-callback)	boolean	必填元素依赖于回调函数的结果

续表

内置验证方法名称	返回值类型	功 能 描 述
remote(url)	boolean	请求远程校验。url 通常是一个远程调用方法
minlength(length)	boolean	设置最小长度
maxlength(length)	boolean	设置最大长度
rangelength(range)	boolean	设置一个长度范围[min,max]
min(value)	boolean	设置最大值
max(value)	boolean	设置最小值
email()	boolean	验证电子邮箱格式
range(range)	boolean	设置值的范围
url()	boolean	验证 URL 格式
date()	boolean	验证日期格式(类似 30/30/2008 的格式,不验证日期准确性只验证格式)
dateISO()	boolean	验证 ISO 类型的日期格式
dateDE()	boolean	验证德式的日期格式(29.04.1994 或 1.1.2006)
number()	boolean	验证十进制数字(包括小数)
digits()	boolean	验证整数
creditcard()	boolean	验证信用卡号
accept(extension)	boolean	验证相同后缀名的字符串
equalTo(other)	boolean	验证两个输入框的内容是否相同
phoneUS()	boolean	验证美式的电话号码

针对以上的验证规则,jQuery 有默认的提示信息,例如:

```
messages: {
    required: "This field is required.",
    remote: "Please fix this field.",
    email: "Please enter a valid email address.",
    url: "Please enter a valid URL.",
    date: "Please enter a valid date.",
    dateISO: "Please enter a valid date (ISO).",
    dateDE: "Bitte geben Sie ein geltiges Datum ein.",
    number: "Please enter a valid number.",
    numberDE: "Bitte geben Sie eine Nummer ein.",
    digits: "Please enter only digits",
    creditcard: "Please enter a valid credit card number.",
    equalTo: "Please enter the same value again.",
    accept: "Please enter a value with a valid extension.",
    maxlength: $.validator.format("Please enter no more than {0} characters."),
    minlength: $.validator.format("Please enter at least {0} characters."),
    rangelength: $.validator.format("Please enter a value between {0} and {1} characters
                 long."),
    range: $.validator.format("Please enter a value between {0} and {1}."),
    max: $.validator.format("Please enter a value less than or equal to {0}."),
    min: $.validator.format("Please enter a value greater than or equal to {0}.")
},
```

如果需要修改，读者可以新建Java Script脚本文件，然后再在页面中引用该文件，修改的代码格式如下：

```
jQuery.extend(jQuery.validator.messages, {
  required: "必选字段",
  remote: "请修正该字段",
  email: "请输入正确格式的电子邮件",
  url: "请输入合法的网址",
  date: "请输入合法的日期",
  dateISO: "请输入合法的日期 (ISO).",
  number: "请输入合法的数字",
  digits: "只能输入整数",
  creditcard: "请输入合法的信用卡号",
  equalTo: "请再次输入相同的值",
  accept: "请输入拥有合法后缀名的字符串",
  maxlength: jQuery.validator.format("请输入一个长度最多是 {0} 的字符串"),
  minlength: jQuery.validator.format("请输入一个长度最少是 {0} 的字符串"),
  rangelength: jQuery.validator.format("请输入一个长度介于 {0} 和 {1} 之间的字符串"),
  range: jQuery.validator.format("请输入一个介于 {0}和 {1} 之间的值"),
  max: jQuery.validator.format("请输入一个最大为{0}的值"),
  min: jQuery.validator.format("请输入一个最小为{0}的值")
});
```

13.2.4 jQuery验证代码结构

jQuery验证代码是指采用jQuery语法中的选择器来控制操作对象，用事件处理机制来实现表单验证交互行为的一段代码。目前，网络上有很多这样的验证代码，虽然代码编写的结构不是完全一致，但都是为了实现客户端的表单验证。下面是一种常用的验证代码块结构。

```
<script type="text/javascript">
$(document).ready(function(){
//通过选择器选择文档对象，当页面加载完成后，触发 ready 事件
    var validator = $("#registerform").validate({
    /* 选择要验证的 form 的id，非常重要，千万不能写错，必须跟要验证的form 标签的
       id 属性值相同 */
        debug:false,        //debug 设置为 true，将只验证表单，不提交表单数据，用在调试时
        ignoreTitle:true,
        rules: {            //验证的规则，多个规则之间用逗号隔开，最后一个规则不加逗号
            //验证规则
        },
        messages: {         //验证的消息，用法同 rules
            //验证信息
        },
        errorPlacement: function(error, element) {
```

```
            error.insertAfter(element.parent().find('label:first'));
        },
        success: function(label) {
            label.html(" ").addClass("ok");    //添加 ok 样式表给 label 控件
        }
    });
})
</script>
```

以上代码结构比较清晰和简单。在应用时只要把以上代码块放在要验证表单页面的<head>和</head>之间即可。只要对以上代码块进行适当的修改，就可以实现对任何表单的验证。要修改的地方有 3 处：form 表单的 id 属性值、rules 规则和 messages。

13.2.5 jQuery 样式效果

本任务最后一个知识点，就是对验证信息进行 CSS 样式处理。网络上也有很多类似的效果，下面是一种常用的样式效果。

```
/*本处的样式都是对提示信息显示标签 label 的控制*/
label {
    font-size: #000 12px bold;
    text-transform:uppercase;
    display:block;
    float:right;
    height:30px;
    line-height:30px;
    margin-right:5px;
}
label.required:before {/*before 伪类样式,与超链接伪类类似,如 a:hover*/
    vertical-align:middle;
    color:red;
}
label.ok {
    width:16px;
    background:url("../images/valid.gif") no-repeat left center;
    padding:0px;
}
label.error {
    color:#d00;
    text-transform:none;
    margin-left:6px;
}
label.choice {
    vertical-align:middle;
    font-weight:normal;
    text-transform:none;
}
```

在应用时，将以上代码放在外部 CSS 文件中(如 jquery. css)，然后在表单验证页面包含该样式。将样式中使用的背景图片放置在项目站点的图片文件夹中，如果路径不一致，只要修改背景图片的路径即可。

13.3 任务实施

有了以上的 jQuery 表单验证的知识储备，要实现 jQuery 表单验证就是一件轻松的事情了。下面 Bill 将分步完成本任务。用户注册页中表单区域的 XHTML 结构代码如下：

```
<form  id="checkregisterform" action="" method="post">
/*为了让读者更加立即,Bill 将此处 form 属性 id 的值改成了"checkregisterform"*/
  <table class="register_table">
      <tr>
          <td class="registertitle">以下均为必填项</td>
      </tr>
      <tr>
          <td>
              <table class="registertable">
                  <tr>
                      <td><span class="redstar">*</span>请填写您的 E-mail 地
                      址:</td>
                      <td class="registerinputtd"><input name="email" id="email"
                          type="text" class="registerinput">
                      <label class="required" for="email"></label></td>
                      <td class="registerchecktext">请填写有效的 E-mail 地址,在下一
                              步中您将用此邮箱接收验证邮件。</td>
                  </tr>
                  <tr>
                      <td><span class="redstar">*</span>
                        设置您在叮当网的昵称:</td>
                      <td class="rcgistcrinputtd">
                          <input name="username" id="username"
                                type="text" class="registerinput">
                          <label class="required" for="username">
                          </label></td>
                      <td class="registerchecktext">您的昵称可以由小写英文字母、数
                              字组成,长度 4~20 个字符。</td>
                  </tr>
```

```
        <tr>
            <td><span class="redstar">*</span>设置密码:</td>
            <td class="registerinputtd">
                <input name="pwd" id="pwd" type="password"
                        class="registerinput">
                <label class="required" for="pwd"></label></td>
            <td class="registerchecktext">您的密码可以由大小写英文字母、
                    数字组成,长度 6~20 位。</td>
        </tr>
        <tr>
            <td><span class="redstar"> </span>
                再次输入您设置的密码:</td>
            <td class="registerinputtd"><input name="repwd" id="repwd"
                type="password" class="registerinput">
                <label class="required" for="repwd"></label></td>
            <td class="registerchecktext"> </td>
        </tr>
        <tr>
            <td colspan="3" class="registerbottomtd">
                <input name="registersubmit" type="submit" value="注 册"
                        class="registerok"></td>
        </tr>
      </table>
    </td>
  </tr>
 </table>
</form>
```

注意:以上 label 标签中的 required 样式就是 jquery. css 中的样式。

在实现 jQuery 表单验证之前,还有几项准备工作。

(1) 将所需素材复制至站点文件夹。将网上下载的 jQuery 文件和 jquery. validate. js 两个 JavaScript 脚本文件放置在站点的 js 文件夹中;接着将 jquery. css 样式文件放置在站点的 css 文件夹中;最后将所用的背景图片 valid. gif 放置在站点的 images 文件夹中,结果如图 13-3~图 13-6 所示。

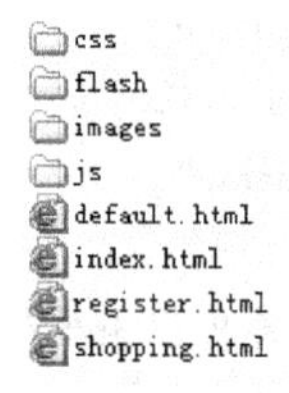

图 13-3 项目站点目录结构

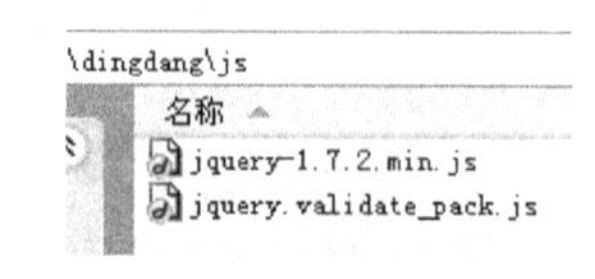

图 13-4 将 jquery 文件放置 js 文件夹

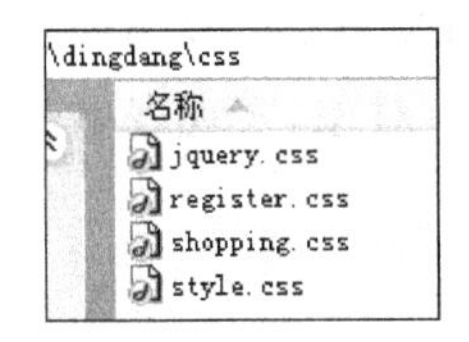

图 13-5 将样式文件放置 css 文件夹

图 13-6 将图片文件放置 images 文件夹

(2) 在 register.html 中包含外部文件。首先通过 script 标签包含外部的 JavaScript 脚本文件，代码如下：

```
<script type="text/javascript" src="./js/jquery-1.7.2.min.js"></script>
<script type="text/javascript" src="./js/jquery.validate_pack.js"></script>
```

接着通过 link 标签包含外部 CSS 样式文件，代码如下：

```
<link href="css/jquery.css" rel="stylesheet" type="text/css" />
```

最后将 jQuery 表单验证的代码结构放置在页面的<head>和</head>之间，代码如下：

```
<script type="text/javascript">
$(document).ready(function(){
//通过选择器，选择 document 对象，当页面加载完成后，触发 ready 事件
    var validator = $("#registerform").validate({
    /* 选择要验证的 form 的 id，非常重要，千万不能写错，必须与要验证的 form 标签的 id 属
       性值相同 */
        debug:false,        //debug 设置为 true，将只验证表单，不提交表单数据，用在调试时
        ignoreTitle:true,
        rules: {            //验证的规则，多个规则之间用逗号隔开，最后一个规则不要加逗号
            //验证规则
        },
        messages: {         //验证的消息，用法同 rules
            //验证信息
        },
        errorPlacement: function(error, element) {
            error.insertAfter(element.parent().find('label:first'));
        },
        success: function(label) {
            label.html(" ").addClass("ok");                //添加 ok 样式表给 label 控件
        }
    });
})
</script>
```

(3) 修改 jQuery 表单验证结构块代码。首先对照验证表单的 form 的 id 属性值，需要进行适当的修改。将 jQuery 表单验证代码块中的 $("#registerform").validate 表单

form的id属性修改成XHTML结构中form属性id的值(即改为$("#checkregisterform").validate),以使能够通过jQuery选择器,控制要验证的表单对象,实现表单验证。

13.3.1 表单不为空的验证

接下来实现本任务的所有表单验证。在jQuery表单验证结构代码块中加入验证规则和验证信息,采用jQuery自带的验证规则required来实现表单元素为空验证。修改后的代码如下:

```
<script type="text/javascript">
$(document).ready(function(){
//通过选择器,选择document对象,当页面加载完成后,触发ready事件
    var validator = $("#registerform").validate({
    /*选择要验证的form的id,非常重要,千万不能写错,必须与要验证的form标签的
      id属性值相同*/
        debug:false,          //debug设置为true,将只验证表单,不提交表单数据,用在调试时
        ignoreTitle:true,
        rules: {              //验证的规则,多个规则之间用逗号隔开,最后一个规则不要加逗号
            email:{
                required:true  //添加required规则,实现为表单元素空验证
            },
            username:{
                required:true
            },
            pwd:{
                required:true
            },
            repwd:{
                required:true
            }
        },
        messages: {
            email:{
                required:"邮件必须填写"
            },
            username:{
                required:"用户名必须填写"
            },
            pwd:{
                required:"密码必须填写"
            },
            repwd:{
                required:"确认密码必须填写"
            }
        },
```

```
            errorPlacement: function(error, element) {
                error.insertAfter(element.parent().find('label:first'));
            },
            // set new class to error-labels to indicate valid fields
            success: function(label) {
                label.html(" ").addClass("ok");     //添加 ok 样式表给 label 控件
            }
        });
})
</script>
```

实现后，若用户不填写必填信息而单击“注册”按钮时，触发元素为空验证，显示提示信息，表单不提交数据给服务器进行操作，如图 13-7 所示。

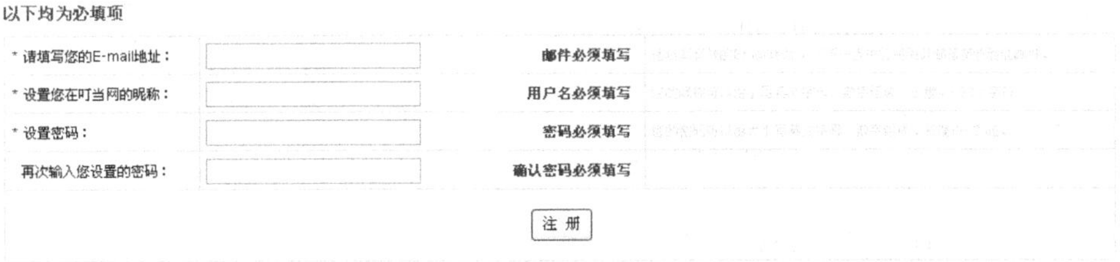

以下均为必填项

* 请填写您的E-mail地址： 邮件必须填写

* 设置您在叮当网的昵称： 用户名必须填写

* 设置密码： 密码必须填写

再次输入您设置的密码： 确认密码必须填写

注 册

图 13-7　jQuery 表单元素为空的验证效果

13.3.2　表单邮箱格式验证

对 E-mail 账号的验证，读者可以采用 jQuery 自带的验证规则 email 即可，修改代码如下：

```
<script type="text/javascript">
$(document).ready(function(){
//通过选择器，选择 document 对象，当页面加载完成后，触发 ready 事件
    var validator = $("#registerform").validate({
    /* 选择要验证的 form 的 id，非常重要，千万不能写错，必须与要验证的 form 标签的
       id 属性值相同 */
        debug:false,   //debug 设置为 true，将只验证表单，不提交表单数据，用在调试时
        ignoreTitle:true,
        rules: {        //验证的规则，多个规则之间用逗号隔开，最后一个规则不要加逗号
            email:{
                required:true,
                email:true
                //添加 E-mail 规则，实现邮箱格式验证，跟 required 规则之间用逗号隔开
            },
            username:{
                required:true
            },
```

```
            pwd:{
                required:true
            },
            repwd:{
                required:true
            }
        },
        messages: {
            email:{
                required:"邮件必须填写",
                email: "邮件格式错误"  //添加E-mail 验证信息
            },
            username:{
                required:"用户名必须填写"
            },
            pwd:{
                required:"密码必须填写"
            },
            repwd:{
                required:"确认密码必须填写"
            }
        },
        errorPlacement: function(error, element) {
            error.insertAfter(element.parent().find('label:first'));
        },
        success: function(label) {
            label.html(" ").addClass("ok");    //添加 ok 样式表给 label 控件
        }
    });
})
</script>
```

添加了邮件格式验证后，若用户输入错误的 E-mail 格式，将提示如图 13-8 所示的信息。

图 13-8　邮件格式错误

13.3.3 表单两次密码相同验证

要对两次密码输入的值是否一致进行验证，可以采用 jQuery 自带的验证规则 equalTo 即可，修改代码如下：

```
<script type="text/javascript">
$(document).ready(function(){
//通过选择器，选择 document 对象，当页面加载完成后，触发 ready 事件
    var validator = $("#registerform").validate({
  /* 选择要验证的 form 的 id，非常重要，千万不能写错，必须与要验证的 form 标签的
    id 属性值相同 */
      debug:false,   //debug 设置为 true，将只验证表单，不提交表单数据，用在调试时
      ignoreTitle:true,
      rules: {        //验证的规则，多个规则之间用逗号隔开，最后一个规则不要加逗号
          email:{
              required:true,
              email:true
              //添加 E-mail 规则，实现邮箱格式验证，跟 required 规则之间用逗号隔开
          },
          username:{
              required:true
          },
          pwd:{
              required:true
          },
          repwd:{
              required:true,
              equalTo:"#pwd"
              //此处的值必须是要进行比较的另外一个控件的 id 值
          }
      },
      messages: {
          email:{
              required:"邮件必须填写",
              email: "邮件格式错误"  //添加 E-mail 验证信息
          },
          username:{
              required:"用户名必须填写"
          },
          pwd:{
              required:"密码必须填写"
          },
          repwd:{
              required:"确认密码必须填写",
              equalTo:"两次密码不一致"  //添加 equalTo 的验证信息
          }
      },
```

```
            errorPlacement: function(error, element) {
                error.insertAfter(element.parent().find('label:first'));
            },
            success: function(label) {
                label.html(" ").addClass("ok");    //添加 ok 样式表给 label 控件
            }
        });
    })
    </script>
```

添加了两次密码是否一致的验证后，当用户在密码控件和确认密码控件中输入的值不一致时，将触发验证，效果如图 13-9 所示。

以下均为必填项

* 请填写您的E-mail地址：	abcd@fds.com	✔	
* 设置您在叮当网的昵称：	12355	✔	
* 设置密码：	●●●●●●	✔	
再次输入您设置的密码：	●●●	两次密码不一致	
	注 册		

图 13-9　两次密码不一致时的效果

13.4　任务拓展

13.4.1　用户自定义 jQuery 方法验证

在本任务的 3 种验证交互的实现中，采用的验证规则都是 jQuery 自带的，但如果 jQuery 自带的验证规则不能满足要求，就需要用户自定义验证规则，采用 jQuery 提供的 addMethod()方法来实现。下面通过一个验证电话号码的代码来介绍如何实现用户自定义验证规则。

```
//电话号码验证
//参数: isTel 是用户自定义验证规则的方法名称
//变量: tel 是正则表达式
//方法最后的验证信息用户可以随意修改
jQuery.validator.addMethod("isTel", function(value, element) {
    var tel = /^\d{3,4}-?\d{7,9}$/;   //电话号码格式为 010-12345678
    return this.optional(element) || (tel.test(value));
}, "请正确填写您的电话号码");
```

方法定义后，将其加入 jQuery 表单验证代码块中的 $(document).ready(function(){} 中即可。这样，用户就可以调用自定义的验证规则来对表单控件进行验证。

接下来，请读者按照自定义验证规则的方法，独立完成用户注册页中用户昵称的验证，验证要求是：昵称只能由 4～20 位的小写英文字母、数字组成，如图 13-10 所示。

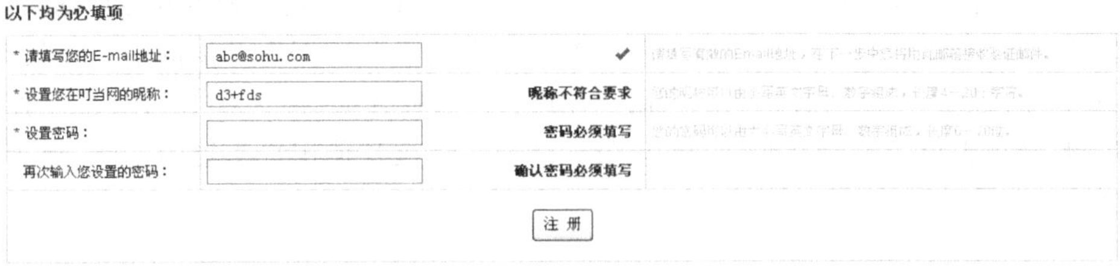

图 13-10　jQuery 表单验证：昵称只能由 4～20 位的小写英文字母和数字组成

13.4.2　采用 jQuery 和 Ajax 实现无刷新验证

Ajax 即 Asynchronous JavaScript and XML（异步 JavaScript 和 XML），Ajax 并非缩写词，而是由 Jesse James Gaiiett 创造的名词。Ajax 是一种用于创建快速动态网页的技术的代号。通过在后台与服务器进行少量数据交换，Ajax 可以使网页实现异步更新。这意味着可以在不重新加载整个网页的情况下，对网页的某部分进行更新。而传统的网页（不使用 Ajax）如果需要更新内容，必需重新载入整个网页面。

Ajax 的工作原理如图 13-11 所示（以某订书应用为例）。

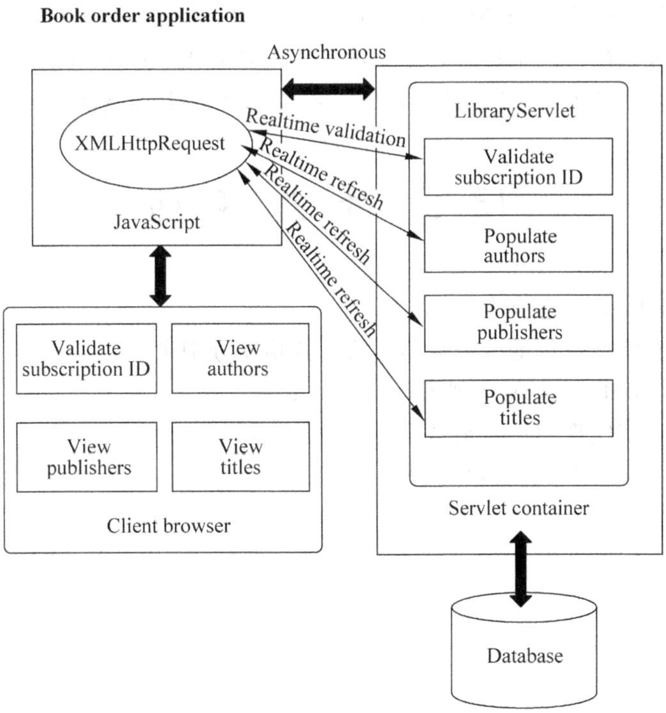

图 13-11　Ajax 的工作原理

要实现 Ajax 的异步刷新技术，必须要有服务器端的开发。目前，主流的 B/S 模式软件开发的服务器端语言有 PHP、ASP. NET、Java 等，只要学习了任意一种服务器端开发技术，就可以真正采用 Ajax 来实现异步刷新技术，提高软件的运行速度和操作的人性化。

如果读者已经掌握了一种或多种服务器端开发技术和数据库开发的知识与技能，就可以来实现完整的用户注册功能。当用户在进行注册操作时，用户在 E-mail 账号控件中输入的账号是否可以进行注册，E-mail 账号是否已经被其他用户用过的 Ajax 异步刷新表单验证，也请读者独立完成。

13.5 任务小结

通过本任务的学习和实现，Bill 已经理解和掌握了采用 jQuery 技术来实现客户端表单验证的技能，能够为软件研发中数据统一性、安全性方面提供一定的保障。本任务的重点和难点就是实现 jQuery 的各种表单验证。其中，对 jQuery 表单验证代码的修改方面需要多加注意和细心，因为一个逗号错误就可能导致整个验证的无法实现。

随着任务 13 的完成，本书的所有任务都已经实现。一方面学习了 Web 2.0 标准下的 Web 前端技术知识和开发技能；另一方面也完成了“叮当网上书店”电子商务平台前台网站页面效果和交互效果。

本书秉着“从项目中来，再到项目中去”的编写原则，采用“项目导入，任务驱动”的教学设计思路，一切都因为 Web 前端技术的学习和掌握是一个需要不断努力、不断进取的过程，需要通过大量的实践来提升。希望读者在此基础上，在今后的学习、工作中不断地学习新知识，实践新技能，为把自己培养成一名真正的 Web 前端高级工程师而一路向前！

13.6 能力评估

1. 什么是 jQuery？ 它有哪些特点？
2. jQuery 有哪些自带的验证规则方法？ 其功能分别是什么？
3. 归纳本任务中 jQuery 实现表单验证的步骤。
4. jQuery 如何实现用户自定义验证规则？
5. 什么是 Ajax？ 其优点是什么？

参 考 文 献

[1] 李超. CSS网站布局实录[M]. 2版. 北京:科学出版社,2007.

[2] 前言科技. 精通CSS+DIV网页样式与布局[M]. 北京:人民邮电出版社,2007.

[3] 何丽. 精通DIV+CSS网页样式与布局[M]. 北京:清华大学出版社,2011.

[4] Jon Duckett. Web编程入门经典——HTML、XHTML和CSS[M]. 2版. 杜静,敖富江,译. 北京:清华大学出版社,2010.

[5] 黄格力. jQuery网页开发实例精解[M]. 北京:清华大学出版社,2012.

[6] 罗子洋. 网页设计·爱上jQuery[M]. 北京:机械工业出版社,2009.

[7] 马增友,孙小艳,赵俊俏,等. Adobe Photoshop网页设计与制作标准实训教程[M]. 北京:印刷工业出版社,2014.

[8] 文杰书院. 新起点电脑教程:Dreamweaver CS6网页设计与制作基础教程[M]. 北京:清华大学出版社,2013.

[9] 杨习伟. HTML 5+CSS 3网页开发实战精解[M]. 北京:清华大学出版社,2013.